올바른 AI 규제로
모두를 위한 AI 만들기

GOOD AI

BAD AI

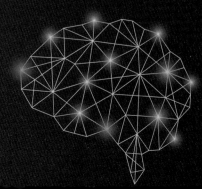

information
and Management
Korea

머리말:
모두를 위한 인공지능

이 책의 제목에 '모두를 위한 인공지능'이라는 문구를 쓰는 것이 적절한 지에 대해 오랫동안 고민했습니다. AI는 앞으로 훨씬 광범위하게 우리 삶의 모든 분야에서 쓰일 것이고, 다른 모든 혁신적 기술과 마찬가지로 그 과정에서 더 이익을 보는 사람과 그렇지 못하는 사람이 나타날 것입니다. 그러나 승자와 패자 문제보다 좀더 먼저 생각되어야 할 것은, 인공지능이 인류에게 대체로 도움을 줄 것인가, 아니면 오히려 미래에 인류를 파국으로 이끌 존재가 될 것인가일 것입니다.

지금 인공지능 기술은 온 세상에 큰 충격과 경이를 불러일으키고 있습니다. 이 책은 인공지능이 인류 전체는 물론 대부분의 사람들이 더 나은 삶의 기회를 갖게 하는 도우미가 되게 하려면, 어떤 제도적 장치가 필요할 것인지에 관한 책입니다.

인공지능 기술, 특히 '22년 말에 출현한 생성형 AI는 우리들의 업무와 일상생활을 돕는 도구로서는 물론, 어떤 사람들에게는 보다 속 깊은 고민을 털어놓을 수 있는 친구의 역할까지 하고 있습니다. 자연스레 많은 사람들은 2014년의 영화 〈그녀*Her*〉에서 만난 사만다가 조만간 현실에 나타나지 않을까 기대하게 되었습니다.

그러나 우리에게는 또 한편으로 빠르게 진화하고 있는 인공지능에 대한 막연한, 또는 꽤 근거 있는 두려움도 있습니다. 인공지능이 이른바 특이점(Singularity Point)을 넘어 사람을 초월하는 능력을 갖게 되고, 사람처럼 자의식이 생기며, 자기 존재 유지를 최우선 목표로 삼고 행동한다면 과연 인류에게는 어떤 일이 생길까요?

영화 얘기를 조금 더 하자면, 조금 덜 알려진, 그러나 저에게 특히 많은 생각을 하게 만든 영화로 '15년의 〈엑스 마키나*Ex Machina*〉, 그리고 생성 AI의 출현 이후 나온 '23년의 〈아티피스 걸*The Artifice Girl*〉이 있습니다. 두 영화 모두 자의식을 가지게 된 인공지능 얘기인데, 의도의 좋고 나쁨을 떠나 사람에게 자신의 진면목을 감춘다는 모티브를 가지고 있습니다. 저에게는 인류 자체를 말살하는 터미네이터보다 이쪽이 좀더 섬뜩하게 느껴지더군요.

가장 우수한 기술을 보유한 기업들과 엄청난 자원을 가진 나라들이 사활을 걸고 AI 기술을 개발 중인 이 시점에서, 많은 전문가들은 이 기술에 대한 인류의 통제장치와 제도적 준비가 아직 소홀하다고 말하고 있습니다.

인공지능이 초지능(Super Intelligence)으로 진화할 때 인류가 충분한 통제력을 가지고 있어야 한다는 것에 대해 반대하는 사람은 아무도 없습니다. 그러나 동시에 우리가 분명히 알아야 할 것은 이 기술이 이미 우리 삶과 우리나라의 경제에 큰 영향을 미치고 있으며, 이런 영향이 전 세계적으로 점차 커질 것이라는 것입니다. 이런 상황에서 우리가 인공지능의 위협을 통제하되 혁신의 기회를 포착하는 균형 잡힌 접근이 아니라, 위협의 싹을 원천적으로 자르는 데에만 집중하는 것은 바람직하지 않다고 생각됩니다.

인류가 그동안 수많은 위협에 현명하게 대처하면서 만들어온 제도들, 그리고 앞으로 인공지능을 고려하여 만들 제도들이 이 기술에 대한 좋은 틀의 역할을 해야 할 것입니다. 지금 각국의 정부는 이런 차원에서 많은 고민을 통해 제도화 작업을 진행하고 있습니다.

지난 10여년간 테크 산업의 새로운 이슈에 대해 규제제도를 발빠르게 도입해온 유럽이 이번에도 가장 먼저 AI 규제법인 EU AI Act를 도입했습니다. 미국에서는 대통령의 행정명령이 발표되었고, 중국, 일본, 우리나라도 AI 정책방향을 내어 놓았습니다. 또한 우리나라를 포함한 각국의 정상들이 AI Safety Summit을 '23년 11월에 열어 최첨단 인공지능의 위협과 통제방안을 논의했고, '24년 5월에는 우리나라에서 2차 회의가 열렸습니다.

지금 이 시점에서 우리나라가 정하는 국가차원의 접근법은 우리의 미래를 결정할 가능성이 매우 높습니다. 이 혁신적 기술을 어떻게 국가발전으로 잘 연결시킬 것인가에 따라 선도국가가 될 수도, 뒤쳐진 나라가 될 수도 있습니다. 또 우리는 글로벌 차원의 협력을 통해 인류 전체에 대한 충분한 통제장치를 마련하는 데에도 힘을 쏟아야 합니다. 저는 이런 시점의 정책 논의에 일반인의 관심과 참여가 너무 제한되어 있다고 생각합니다.

DALL-E 3로 생성. Prompt: A humanoid robot with super intelligence contemplating on all the hard-to-solve problems of humanity to make a better world.

AI 기술경쟁의 최전선에 위치한 빅테크 기업들과 국가들이 AI 규제제도에 대한 Opinion Leader들이 되고 있으며, 이 논의에 대한 일반인들의 이해는 아직 깊지 않은 상황입니다. 우리나라의, 나아가 인류전체의 미래를 결정할 이 논의에 높은 정보의 장벽을 딛고, 보다 많은 사람들이 참여해야 합니다. 이것이 제가 이 책을 집필하게 된 이유입니다.

미래에 나타날 거시적 문제들보다는 우리가 당면한 이슈의 소개에 조금 더 비중을 두었습니다. 그간 이 문제에 대한 관심이 크지 않던 몇 명의 독자라도 인공지능의 제도화가 가진 중요성을 공감하게 만들 수 있다면, 집필의 목적은 달성된 것으로 생각합니다.

이 책의 일부 내용 집필에는 아래 따로 언급될 동료들의 지원이 있었습니다. 그러나 이 책에 남아있을 일반적으로 수용되기 어려운 해석이나 오류에 대한 책임은 물론 온전히 저에게 있습니다. 첫번째 독자가 되어준 가족들의 좋은 의견과 토론, 그리고 전폭적 응원도 큰 힘이 되었습니다.

필자의 아들은 이제 막 힘차게 커리어를 시작하려 하고 있습니다. 앞으로 그가, 그리고 그의 동년배 젊은이들이 일할 업무현장에는 지금보다 더 진화한 인공지능이 지금과는 완전히 다른 차원에서 넓고 깊게 활용될 것입니다.

인공지능이 그들이 더 빛을 발할 수 있게, 그리고 인간의 창의성이 더 발현되어 인류가 더 높은 차원으로 진화하게 돕는 평화로운 동반자가 되길 바라는 마음뿐입니다.

김형찬

| 차례 |

Part II.

**인공지능 정책,
어떻게 접근해야
할까?**

Part I.
AI 규제,
무엇이 이슈이고
왜 중요할까

1. 서언

전 세계의 미디어와 엔터테인먼트 산업을 이끄는 곳인 할리우드가 문을 닫은 사건이 '23년 5월 1일에 있었다. 할리우드 영화·방송 작가 1만 1,500명이 소속된 미국작가조합(WGA)이 파업을 선언했고, 즉각적으로 맷 데이먼, 마고 로비 등 가장 핫한 스타들의 지지선언이 있었다. 조금 후 할리우드 배우·방송인 노동조합(SAG-AFTRA)도 이에 동조하며 WGA와 비슷한 요구안을 내걸고 7월부터 파업을 시작했다. 이에 따른 여파는 매우 컸다. 예를 들어, 미국의 유명 토크쇼인 〈레이트 나잇〉, 〈지미팰런 쇼〉 등의 제작이 중지되고, 〈듄 파트 2〉를 비롯한 많은 기대작들의 개봉이 연기되었다. 할리우드라는 꿈을 만드는 거대한 공장이 생산라인을 멈춘 것이다.

이들의 파업 이유는 두 가지이다. 첫째 이유는 미디어산업에 이미 십 여 년 전부터 진행되고 있던 파괴적 혁신(Disruptive Innovation)의 영향에 따른 것이다. 넷플릭스와 같은 스트리밍 서비스(OTT)가 크게 확산되면서 한 작품이 창출하는 수익원이 다양해지고 수익규모가 커지며, 보다 장기적으로 수익의 흐름이 발생하게 되었다. 그럼에도 불구하고, 증가된 수익이 이들 창작자에게 제대로 배분되지 않고 있다는 점이었다. 그런데 두 번째 이유는 이 산업의 미래에 대해 더 심대한 영향을 끼칠 수 있는 현상에 관한 것이었다. 즉, 영화 제작에 '생성형 AI(Generative Artificial Intelligence)'가 보다 널리 쓰이기 시작하면서 기존의 배우와 작가가 처하게 될 수 있는 상황이 이들의 우려를 자아냈다.

생성형 AI는 이들의 파업 당시 이미 빠르게 미디어 엔터테인먼트 산업에 확산되어, 영화에 대한 간단한 아이디어를 보다 짧은 시간에 흥미롭고 다양한 시나리오 버전들로 개발될 수 있게 하고, 배우를 젊게 보이게 하고, 손쉽게 특수효과를 만들며, 촬영 후 편집을 쉽게 하는 등 영화제작의 전 단계에서 광범위하게 쓰이고 있었다. 만일 제작사가 배우의 모습과 연기스타일 등에 대한 전반적 권리를 구매한 후 생성형 AI를 사용하여 영화를 만든다면, 배우들은 지금과는 근본적으로 다른 직업 환경에 처하게 될 것이다.

생성형 AI가 이번 파업의 주도 그룹인 작가와 배우를 포함한 엔터테인먼트 산업의 모든 종사자에게 미칠, 누구에게는 긍정적이고 누구에게는 부정적으로 미칠 영향이 심대할 것임은 어렵지 않게 짐작할 수 있다. 예를 들면 위험한 액션장면을 만드는 방식도, 배우나 스턴트맨이 모든 장면을 일단 직접 연기한 후 특수효과를 입히는 기존의 방식에서 벗어날 수 있다. 연기자의 이미지와 기본동작만 활용하면, 생성형 AI를 통해 매우 실감나는 영상을 제작할 수 있게 된 것이다. 제작사 입장에서는 영화제작의 비용과 위험을 크게 줄일 가능성이 생겼지만, 이에는 인간 연기자 역할의 축소가 뒤따른다. 영화감독의 경우에도 생성형 AI는 그들의 수고를 덜게 할 수도 있지만, 오락영화 같은 분야에서부터 점차 그들의 역할을 축소시킬 수도 있다. 촬영기사, 후반작업을 담당하는 편집자나 엔지니어에게도 마찬가지이다.[1]

최근에 OpenAI에서 발표한 SORA는 더 나아가 몇 줄의 프롬프트(지시어)만 입력하면 그에 해당하는 1분 길이의 고퀄리티 동영상을 자동으로 제작해준다. 연기자도, 영화세트도, 심지어 자세한 시나리오도 필요 없다. 미래에는 아예 AI가 생성한 배우가 AI로 작성한 시나리오에 따라 연기하고, 이런 영화가

---

[1] 엔터테인먼트 산업 전반에 대한 생성형 AI의 영향을 분석한 문헌은 다수 존재하나, 간략하게 참고할 만한 글은 다음과 같다. WEF('23. 8), '6 ways AI could disrupt the entertainment industry'

인간 연기자와 작가가 참여한 영화보다 인기를 얻을지도 모를 일이다.

작가조합의 파업은 약 5개월 만에 디즈니, 넷플릭스 등이 소속된 영화·TV 제작자연맹(AMPTP)과의 합의를 통해 종료되었다. 이번 합의에서 작가들의 요구를 반영한 여러 가지 조치가 약속된 것으로 알려졌다. 작가들은 기본급과 스트리밍 재상영 분배금 인상, 고용 안정성 보장, 인공지능 도입에 따른 작가 권리 보호책 마련 등을 요구한 바 있다. 이에 대해 AMPTP는 작가들의 기본 급도 인상해주고, 제작 기간 최소 인원 고용 보장, 스트리밍 데이터의 공유,

[그림 1] DALL-E 3로 생성.
Prompt: Human actors collaborate with AI in a movie's shooting location. The current scene depicts a peaceful Summer day at a small US town.

재상영 시간에 따른 추가 분배금 지급 등도 약속한 것으로 알려졌다. AI 활용 여부를 작가가 선택할 수 있도록 하기도 했다. 조합원 전체 투표에서 99%의 찬성으로 AMPTP와의 노동계약 내용이 비준되었다.[2]

그러나 이 기간 동안 많은 영화 프로젝트들이 지연되거나 아예 폐기되면서, 할리우드의 영화산업은 아직까지 부진에서 벗어나지 못하고 있다. 3년간의 Covid-19 사태로 입은 타격에 더하여 이번 파업이 미친 여파가 기존 영화산업의 근간에까지 임팩트를 준 탓이다. 하지만 이 사건은 이제 **영화만이 아닌, 인간이 주된 역할을 하던 모든 분야에서 앞으로 예정된 많은 갈등의 시초일 뿐이다.**

'22년 11월 갑작스레 세상에 나타난 생성형 AI는 다른 신기술과는 달리, 필자를 포함하여 테크산업에 대해 연구해온 사람들만이 아닌 전 세계인의 주목을 순식간에 끌어당긴 기술이다. 놀라운 기능들과 이용사례들이 매일 앞다투어 나오고 있다. 1, 2년 정도의 짧은 기간 동안 이뤄진 기술 발전 속도도 놀랍지만 기업의 업무, 창작자의 창작활동, 일반인의 취미에 이르기까지 많은 사람들이 이용하며 다양한 이용사례(Use Case)가 폭증하고 있는 것은 더 놀랍다.

AI 기술은 다른 혁신기술들과 마찬가지로 확산과정에서 승자와 패자를 구분 지을 수 있지만, 경제전체적으로는 생산성을 크게 향상시킬 것으로 볼 수 있다. 이에 대한 수많은 분석들은 전 세계적으로 생산성이 연간 2, 3%에서 최대 7%까지 증가할 것이라고 전망하고 있다. 인류사회의 생산성은 수년간 점차 둔화되고 있는 추세였는데 생성형 AI는 정체를 향해 가고 있는 인류사회에 큰 반전을 가져올 가능성을 열었다.[3]

---

[2] 출처: 한국경제('23. 10. 11), '할리우드 작가 노조, 파업 종료…제작사 측과 협상 타결'(https://www.hankyung.com/article/202310118781i)

[3] 다음 글은 이와 관련한 여러 가지 연구를 소개하고 있다. Gopinath, Gita(2023). 'Harnessing AI for Global Good'. Finance & Development

모두들 생성형 AI가 스마트폰 등장 이래 인류에게 최대의 영향을 끼칠 기술이라 생각하고 있다. 많은 사람들이 이 기술혁신을 주도하고 있는 기업들에 대해 알게 되었다. OpenAI, 구글, 앤트로픽 등의 모델 개발 회사, 자신이 갖고 있던 오피스와 같은 업무도구와 AI를 빠르게 결합하고 있는 마이크로소프트, 오픈소스라는 대안적 혁신방향을 이끄는 메타, 그리고 인공지능 모델 학습에 엄청난 양으로 필요한 반도체를 개발하고 생산하는 엔비디아와 TSMC 등의 기업이 생성형 AI 시대의 총아로 등장했다.

앞으로 AI와 인간이 점차 긴밀하게 협업하는 세상이 오는 것은 필연적이다. 그런데 할리우드의 작가파업 사례가 예고하듯이 인공지능의 확산은 기존의 인간중심 사회경제체계에 많은 도전을 던질 것이다. 예를 들어 이 사건은 기존의 지적재산권 제도에 근본적 도전을 던진다.

> • AI로 만든 영상이나 합성음성(Synthetic Voice)에 대해 그 소스가 된 인간 영화배우가 주장할 수 있는 권리는 어디까지인가?
> • 주장할 수 있다면 인간과 제작사 간의 어떤 계약관계나 얼마의 수익배분이 적당한 것인가?
> • 또 AI로 만든 콘텐츠는 저작권제도를 통한 보호의 대상이 되나?
> • 만일 된다면 이에 기여한 사람들, 즉 AI 모델의 프로그래머, 그림 생성을 촉발한 프롬프트를 넣은 이용자, 모델의 학습에 사용된 원저작물의 저작권자, 생성물을 배포한 플랫폼 등 수많은 이해관계자는 각각 어떤 권리를 주장할 수 있는가?

이런 갈등은 영화계뿐만 아니라 미술, 음악, 사진 등의 다른 창작분야에서도 이미 일어나고 있으며, 뉴스 미디어는 물론 문학, 학술연구, 일반 회사 내의 보고서 작성과 같은 업무, 법률서비스 등 사회의 모든 분야에서 일어날 것이다. 관련된 제도적 이슈도 저작권뿐만 아니라 시장 독과점, 허위정보, 프라이버시 보호, 제조물 책임 등 훨씬 다양하게 나타날 것이다. 그런데 이런 갈등이 벌어질 때마다 할리우드 파업과 같은 과정을 거쳐야 한다면 그 사회적 비용은 걷잡을 수 없는 수준이 될 것이다. 어떤 분야의 갈등해결 사례가 다른 분야에 시금석은 될 수 있겠지만 일반적 해결책을 던져주는 데에는 한계가 클 것이다.

지금까지 인류가 만들어온 셀 수 없이 많은 제도들은 인류사회에 나타나는 각종 갈등을 해결하려는 목적을 가지고 있다. 그러나 인공지능을 고려해서 만들지 않은 기존의 제도들은 새로운 문제들에 제대로 답할 수 없는 부분이 많다. 지난 1, 2년간 생성형 AI에 대한 높은 관심과 더불어 생성형 AI의 개발기업들에 대한 소송도 다수 진행되고 있다. 예를 들어 이미지, 뉴스 등의 분야에서 큰 영향력을 가지고 있던 기업들은 생성형 AI 모델이 자신이 보유한 데이터를 무단으로 모델개발에 사용하였다고 주장한다. (대표적으로 뉴욕타임즈와 OpenAI 간의 소송이 있다) 생성형 AI 시대에 적합한 제도가 만들어지지 않는 한, 이런 갈등의 해결을 법원의 판단에 의존하려 하는 사례가 무수히 많아질 것이다.

어떤 분야에 대해 인공지능의 존재를 고려한 새로운 제도가 만들어지더라도 좀 더 거시적이거나 미래적인 관점에서 완전한 해결책이 될 것으로 보장하기는 어렵다. 예를 들자면, 엔터테인먼트 분야의 배우가 인공지능의 사용으로 창출된 수익에 대해 새로운 배분을 보장받더라도, 시간이 지남에 따라 인간의 역할이 점차 축소되어 갈 수 있다. 그렇다면 미래에 배우의 주된 역할은 어떻게 변할 것인가? 인공지능과 인간의 협업 관계가 이렇게 비대칭적으로 바뀌어 나간다면, 인간이 중심이 되어 수익을 창출하고 그에 따라 소득을 얻고 소비하는 지금의 경제 시스템에 근본적 변화가 불가피한 것 아닐까? 인공지능이 가져다줄 많은 편익은 전체 인류에 공평하게 배분될까? 혹시 사회의 불균형이 점차 심화되는 것은 아닐까? 인공지능의 발전이 모든 인류에게 축복이 되려면, 우리는 인간중심의 사회경제 시스템을 재구성한다는 엄청난 과제를 현명하게 풀어내야 할 것이다.

물론 서두에서 언급했듯이 인공지능의 진화와 관련해 다른 차원에서 더 심각한 우려를 제기하는 사람들도 많다. 소위 특이점을 넘어서면 인공지능이 초지능(Super Intelligence)을 갖게 되고, 자칫 잘못하면 인공지능 자체, 혹은 이를 악용하는 인간에 의해 인류 전체의 존립에 위기가 올 수 있다는 주장이다. 유발 하라리는 인공지능이 인류문화를 완전히 바꾸고 나아가 정신적, 사회적 세계를 전멸시킬 수 있는 대량 살상무기가 될 수 있다고 경고한다.[4] 이와 같은 우려가 합리적이라면, 이 기술의 발전과정을 어떤 방식으로 통제해야 그런 리스크를 제거하거나 줄일 수 있을까?

최근의 OpenAI CEO 해임 사태의 전개과정(바로 아래의 장에서 좀 더 상세히 설명된다)을 보면서, 우리는 이런 중요한 과제들을 한두 개 기업의 선의와 자체적 관리체계(거버넌스, Governance)에만 의존하여 해결하는 것은 불가능에 가깝다는 것을 알게 되었다. 각국 정부, 그리고 국제적 협력이 큰 역할을 해야 한다. 이 사건 직후 그간 오랜 진통을 겪어왔던 유럽의 인공지능 규제법(EU AI Act) 제정이 최종 합의에 이르렀음은, 이 문제가 어렵기는 하지만 더 이상 미뤄두기 어려운 상황이라는 것에 넓은 공감대가 만들어졌음을 시사한다.

로봇 3원칙으로 충분한가?

AI의 제도화와 관련하여 많이 언급되는 아시모프의 로봇 3원칙[5]은 30여년 전 필자가 처음 접한 때부터 지금까지 볼 때마다 경탄을 불러일으키게 한다. 세 줄의 문장에 모든 중요한 원칙을 담고 있는 군더더기 없는 규제제도이기 때문이다.
첫째, 로봇은 인간에게 해를 가하거나, 혹은 행동을 하지 않음으로써 인간에게 해를 끼치지 않는다.

---

4) The Economist('23. 4. 28), 'Yuval Noah Harari argues that AI has hacked the operating system of human civilisation'

5) 출처: IT용어사전, 한국정보통신기술협회

둘째, 로봇은 첫 번째 원칙에 위배되지 않는 한 인간이 내리는 명령에 복종해야 한다.

셋째, 로봇은 첫 번째와 두 번째 원칙을 위배하지 않는 선에서 로봇 자신의 존재를 보호해야 한다.

1985년에 아시모프는 위 3대 원칙에 인류 집단 안전을 위해 0번째 법칙으로 '로봇은 인류에게 해를 가하거나, 해를 끼치는 행동을 하지 않음으로써 인류에게 해를 끼치지 않는다'를 추가하였다.

로봇 3원칙은 인공지능을 인간에게 일방적으로 봉사하는 존재로 전제하고 있지 않고, 인간과 평화롭게, 이롭게 공존하기를 '원하는' 인공지능을 묘사하고 있는 것처럼 보인다. 로봇 3원칙은 미래에 더욱 진화할 인공지능과 관련된 규제제도를 만드는 데에 좋은 준거점이 될까? 아쉽게도 그렇게 사용하기에는 3원칙의 표현들은 매우 모호하고 자의적인 듯하다.

예를 들어 인간, 혹은 인류에게 해를 끼치는 행동이란 무엇을 의미할까? 인공지능을 얘기하지 않더라도 우리는 스스로도 답을 내리기 어려운 수많은 선택의 기로를 알고 있다. 가장 흔한 예로 많은 사람들이 화제거리로 삼는 Trolley Dilemma가 있다.[6] 미래에는 인공지능이 훨씬 더 발전하고 확산되어 어떤 자의식을 가지고 중요한 판단들을 내리는 때가 올 수 있다. 그렇다면 우리는 지금부터 어떤 준비과정과 통제장치를 통해 인공지능이 인류에게 도움을 주는 존재로 계속 진화하게 할 수 있을까?

AI의 확산이 제기하는 수많은 제도적 문제를 규제나 법제도로 완전히 풀기는 어렵겠지만, 제도화의 노력이 핵심적 역할을 할 것임은 분명하다. 그런데 AI가 제기하는 이슈들은 아직은 실현되지 않은 미래에 일어날 리스크인 경우가 많고, 기술의 발전에 따라 바뀔 수 있는 성격의 것들이다. 따라서 AI에 대한 제도화는 이미 있던 문제를 풀기 위해 제도를 만드는 것과 차원이 달라 더 어려운 일이다. 관련된 이슈도 매우 다양하며, 또 단지 위험요소나 문제만을 통제하는 것이 아니라, 인공지능 기술의 혁신을 촉진하는 것과 균형을 잃지 않

---

6) 여기에서는 자율주행 자동차가 주행중에 두 가지 치명적 선택지(예: 고장 난 통학버스와 정면 충돌하는 것 vs. 통학버스를 피하면서 절벽에서 떨어져 운전자를 위험에 빠뜨리는 것)를 맞닥뜨리게 되었을 때 어떤 선택을 하도록 알고리즘을 만들어야 하는지에 대한 논쟁을 말하는 것이다.

으며 추진해야 하므로 더욱 어렵다.

각국의 인공지능 산업규모나 기술수준에는 엄연한 차이가 있으며, 따라서 각국 정부는 자국의 가장 바람직한 목표를 달성하기 위해 인공지능과 관련한 정책 및 규제를 설계해야 할 것이다. 또한 어떤 규제제도가 만일 지금 실재하는 위협이 아니라 미래의 잠재적 위협에 대한 통제를 목표로 한 것일 경우 사회적으로 더욱 합의를 얻기가 어려울 것이다.

AI 규제는 단순히 기술을 개발하는 기업에게만 해당되는 이슈가 아니다. AI 서비스는 매우 두터운 스택(Stack)을 가진 시스템에 의해서 개발되고, 그 가치사슬도 매우 길다. 최종이용자가 마주치는 하류부문의 프론트엔드(Front-end) 애플리케이션으로부터, 모델의 학습과 운용에 필요한 반도체, 즉 실리콘 단까지 해당되는 이슈이다. 각 계층(Layer)에서 이 기술을 개발하고 배포하고 이용하는 다양한 플레이어들의 역할과 이해관계를 모두 고려해야 바람직한 제도화가 가능해진다.

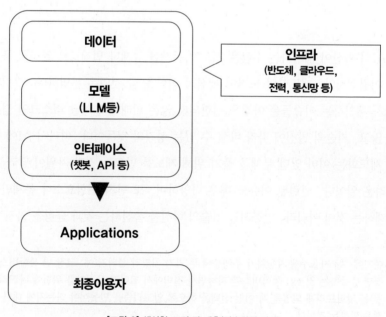

[그림 2] 생성형 AI의 각 계층(단순화된 버전)

이 모든 어려운 제한조건에도 불구하고 이는 점차 인류의 사회경제 시스템을 바꿔나가야 하는 문제이므로, 모든 이해관계자 간의 논의와 합의가 어느 때보다 중요하다고 할 수 있다. 그래서 오랫동안 테크산업 분야에 대한 정책과 규제를 연구해온 필자 역시도 인공지능의 제도화는 각별히 어려운 과제라고 생각한다. 이 책은 인류의 미래를 정할 이 중요한 이슈에 대해 각국 정부, 기업, 다양한 단체, 전문가들이 어떤 노력을 하고 있고, 우리가 어디까지 와 있으며, 앞으로 어떤 방향에서 진행될 것인지를 소개하고자 한다. 그러나 제도를 논의하기 앞서서, 먼저 지금까지 부분적으로만 언급한 인공지능 확산이 제기하는 다양한 위협과 제도적 이슈들에 대해 좀 더 상세히 살펴보는 것이 올바른 순서일 것이다.

2. AI 확산이 제기하는 제도적 이슈들

이 장에서는 AI의 확산이 가져오는 다양한 리스크와 제도적 이슈를 '인공지능의 개발
– 산출물 – 배포 – 이용'에 이르는 각 단계별 리스크, 그리고 미래에 초 인공지능 출
현 시점에 가까워지면 나타날 수 있는 위협의 순서로 대표적 사례 중심으로 소개하고
자 한다. 생성형 AI로 인해 새로이 제기되는 이슈들에 초점을 맞추고자 하므로, 기존
의 AI와 관련해서도 제기되고 이미 많이 분석된 이슈들은 상세히 다루지는 않을 예정
이다. 이런 이슈에는 AI의 편향성, 설명가능성이나 알고리즘 담합 등이 포함된다.[7]

가. 생성형 AI, 기술과 시장

최근의 생성형 AI 서비스들을 가능케 하는 모델은 기반모델(Foundation
Model), 또는 그중 대표적 모델인 거대언어모델(LLM: Large Language
Model)이라고 칭하는 모델들이다. GPT-4, Gemini, Claude 3, Llama 2
등 주요 LLM들이 어떻게 개발되었고 어떤 성능을 가지는지 기술적으로 상세
하게 다루는 것은 이 책의 목적이 아니다. 그럼에도 불구하고 먼저 생성형 AI

---

7) 예를 들면, AI가 대출요청에 대한 신용평가와 같은 결정을 내릴 때 특정 인종이나 직업
을 가진 사람에게 차별적인 결과를 내어놓을 수 있다. 이는 모델의 개발 당시부터 알고
리즘 구조에 내재된 편향성, 학습된 데이터가 이미 내포하고 있을지 모를 편향성 등에
의해 나타날 수 있다. 더욱이, 기존의 AI나 생성형 AI 공히 어떤 근거로 이런 결정을 내
리게 되었는지 명확히 설명하기 어려운 '블랙박스'의 성격을 가지고 있으므로 더 문제가
될 수 있다.

를 가능케 하는 기술과 현재 관련시장의 동향을 아주 간략하게 소개하면서 시작하는 것이 올바른 순서가 아닐까 생각된다. 관련 문헌들에 자주 등장하는 핵심 용어들의 의미도 맛볼 겸 말이다.[8]

생성형 AI와 LLM

현재의 생성형 AI를 가능케 한 거대언어모델(LLM: Large Language Model) 기술은 기존의 머신러닝 방법론(대표적으로 회귀신경망(RNN)이라는 기술)의 한계를 돌파한 새로운 기술이다. 이를 가능케 한 중요한 전기가 된 기술이 구글의 과학자들이 '17년 발표한 'Attention is All You Need'라는 논문에서 비롯된 '트랜스포머(Transformer)' 기술이다. 이는 수많은 '토큰(Token: LLM에서 사용되는 언어단위)'들 간의 관련성을 계산하는 혁신적 방법을 개발하여, 거대 규모의 연산과 결과생성을 매우 효율적으로 가능케 한 기술이다.

LLM은 이런 기술에 기반하여, 거대규모의 데이터셋(언어모델이니까 수많은 말뭉치(Corpus)로 학습한다)으로 사전학습(Pre-Training) 시킨 모델이다. 기존의 AI 기술처럼 일일이 데이터를 구분(Labeling, 설명 딱지 붙이기)하여 학습시켜야 한다면 거대 데이터셋을 사용하기 어려웠을 것이다. 인터넷상의 모든 문장에 포함된 단어의 의미와, 단어들 간의 관계에 대해서 사람이 일일이 설명 딱지를 붙이는 작업이 과연 가능할까? LLM은 이른바 자기감독학습(SSL: Self-Supervised Learning) 방법을 사용하여, 이와 같은 기존의 데이터 레이블링의 필요성을 줄였다. 거칠게 표현하면, LLM은 인

---

8) 이 책에는 이 책의 내용 이해를 위한 필요 최소한의 수준에서 비전공자가 쓴 생성형 AI 관련 기술에 대한 묘사가 많다. 설명이 그리 엄밀하지는 않더라도 중대한 기술적 오류는 없도록 노력했으나, 남아있는 오류나 너무 단순화된 표현에 대한 독자 여러분의 지적을 바라 마지 않는 바이다.

터넷상의 모든 문장을 그냥 학습해서 사람들의 글이 어떤 경우에 어떻게 쓰여지는 경우가 대부분인지 파악하게 된다. (그러나 이것이 인공지능이 글의 의미를 진정으로 '이해'하는 것과는 다르다는 점을 기억하자)

하지만 이것만으로 LLM의 놀라운 성능이 발휘되는 것은 아니다. 일단 기본적 모델이 만들어지면, 사람들이 개입하여 사전학습된 모델의 답변이 어떤지를 평가하고 피드백을 주어 개선시킨다. 이를 '인간 피드백에 의한 강화학습(RLHF: Re-enforcement Learning by Human Feedback)'이라 한다.

ChatGPT의 초기에 많은 이슈가 되었던 엉뚱한 답변(Hallucination) 문제는 RLHF를 비롯한 다양한 기술들에 의하여 개선되고 있다. 또한 과학자들은 모델 규모, 즉 매개변수(Parameter)의 수가 늘어날수록 모델의 성능이 높아진다는 것을 발견했고, 현재 (모델 규모 증대 외에도 여러 가지 방식을 사용하여) LLM은 빠르게 진화하고 있다.

생성형 AI가 나오기 이전에도 다양한 AI 서비스가 존재했는데, 이들은 주로 판별형 AI(Discriminative AI)였다. 이 AI의 경우, 어떤 하나의 유형과 다른 유형을 구분하는 능력을 위주로 학습되어 있다. 개와 고양이의 이미지를 구분한다던지, 공장 생산라인에서 불량품을 골라낸다던지 하는 일에 특화되어 있다. 입력된 값이 어디에 속하는지를 구분해내는 기능 위주이므로, 좋은 결과란 무엇인지를 판별하는 규칙들을 주고 잘 학습시키면 AI가 해당영역 내에서 무엇이 가장 옳은 행위나 선택인지에 대한 분석도 가능하다. 이 능력이 매우 발전되면 알파고처럼 바둑이란 특정 룰 안에서의 게임에 세계최고의 수준이 되기도 한다. 그러나 학습해본 적 없는 다른 일은 하지 못한다. 아무 질문에 대해서나 답변을 만들어내지는 못하는 것이다.

그런데 LLM은 어떤 질문에도 서비스 정책상 위배되지만 않으면 답변을 '생성'해낸다. 이용자가 요청이나 지시어(Prompt)를 입력하면, ChatGPT는 이 프롬프트와 연관되는 **통계적으로 가장 적합한 문장 혹은 답변**이 무엇인지 파악하게 된다. 이후 꽤 그럴듯한 답변을 '생성'해내는 것이다.

필자의 ChatGPT 이용사례를 보면 쉽게 이해할 수 있다.

> 🔍 AI 규제에 대해 책을 쓸 때 주의할 점은 무엇일까?
>
> ⚙️ AI 규제에 대한 책을 쓸 때 주의해야 할 점은 꽤 광범위하며, 복잡한 이슈를 다루는 데 있어서 균형 잡힌 접근이 필수적입니다. 여기 몇 가지 핵심적인 고려사항을 소개합니다. (이하 생략)

또한 놀랍게도 LLM에는 몇 개의 예제를 주면 일반적인 원칙을 파악해서 새롭게 주어지는 문제에도 해답을 제공하는 능력이 있다. 일종의 '추론' 능력까지 갖추고 있고, 이 능력이 발달하고 있는 것이다. (참고로 다음의 사례에서 답변의 내용만이 아니라, 필자가 질문한 글의 친근한 톤에 따라 답변의 톤도 조정되고 있음을 느껴보기 바란다)

너에게는 몇 가지 예를 들어주면 그것을 통해 다른 비슷한 문제들도 푸는 능력이 있는 것 같아. 이 능력의 이름은 뭐고, 어떻게 그렇게 할 수 있지?

내가 예제를 통해 다른 비슷한 문제들을 해결하는 능력은 "추론" 능력과 밀접하게 관련되어 있어. 특히, 이런 종류의 추론은 "유추"라고 불리는데, 구체적인 사례나 정보를 바탕으로 일반적인 원칙을 도출하거나, 반대로 일반적인 원칙에서 구체적인 사례를 예측하는 과정을 포함해. 내가 이런 식으로 작동하는 이유는 내가 대규모 데이터셋에서 학습을 통해 언어와 지식을 이해하는 방식 때문이야. 학습 과정에서 다양한 문맥, 상황, 문제 해결 사례를 접하게 되고, 이를 통해 패턴을 인식하고, 비슷한 문제에 적용할 수 있는 일반적인 규칙이나 원칙을 도출해낼 수 있게 돼.

예를 들어, 특정 문제 해결 방법이나 개념 설명을 요청받으면, 내가 학습한 수많은 예제와 정보 중에서 관련 있는 것을 찾아서, 그것을 바탕으로 새로운 상황이나 문제에 맞는 답변을 생성해. 이 과정에서 내가 이전에 학습한 지식과 패턴을 활용하여 비슷한 상황에 대응할 수 있는 능력을 발휘하는 것이지. 내가 이렇게 할 수 있는 것은 인간의 언어와 사고방식을 모델링하기 위해 설계된 고도의 알고리즘과 기계 학습 기법 덕분이야. 이를 통해 다양한 문제 해결 전략을 학습하고, 그 지식을 새로운 문제에 적용할 수 있게 되는 거지.

이것들이 오늘날 생성형 AI 혁명의 시작점이 된 바로 그 능력들이다.

아직 밝혀지지 않은 LLM의 원리와 그록킹(Grokking)

그런데 흥미로운 점은, LLM의 놀라운 능력들이 정확히 왜, 그리고 어떤 원리로 생겨나는지 과학자들도 아직 밝혀내지 못했다고 한다. 나아가 최근에는 어떤 경우 LLM이 마치 글의 맥락을 좀 더 잘 '이해'하고 적재적소에 쓰는 능력이 매우 발달한 것처럼 보이는 현상이 발생한다는 보고가 많다. 이것이 이른바 '그록킹(Grokking)'이라는 현상이다.[9]

---

9) 좀 더 기술적으로는 LLM의 기능은 본래 우연한 일반화(Random Chance Generalization)인데 갑자기 완벽한 일반화(Perfect Generalization)로 점프하는 것이라고 표현되기도 한다.

이렇게 되면 대화뿐만 아니라 다른 영역에서도, 이를 테면 한번도 학습하지 않은 새로운 기능을 발휘하게 된다던지 하는 일이 발생하게 된다. 어떤 전문가는 이 현상이 LLM이 실제로 무엇을 이해하게 된 것이 아니라, 지속된 학습으로 데이터셋의 패턴을 더 잘 파악하게 되어 예측의 품질이 높아진 것뿐이라고 평가한다. 많은 연구가 진행되고 있지만, Grokking의 기술적 원리에 대한 합의된 설명은 아직 없다.[10] 생각해보면 신기하면서도, 다소 우려를 자아내는 현상이다.

기반모델(Foundation Model)

참고로, 우리에게 친숙한 ChatGPT는 모델의 이름이 아니라 서비스의 이름이므로 혼동하지 말아야 한다. ChatGPT는 OpenAI가 개발한 GPT(Generative Pre-Trained Transformer)라는 LLM에 대화형 이용자 인터페이스(UI: User Interface)를 붙인 서비스의 이름이다. 즉, 이용자가 AI에게 쉽고 자연스럽게 말을 걸고 답을 구할 수 있게 만든 서비스의 이름으로 보면 된다. 그렇다면 ChatGPT 등의 다양한 생성형 AI 서비스를 가능케 하는 기반이 되는 모델을 통칭해서 어떻게 부를까? 답은 물론 '기반모델(Foundation Model)'이다. 그리고 ChatGPT와 같은 대화형 생성형 AI의 기반모델이 LLM인 것이다. ChatGPT의 초기 기반모델은 GPT-3

---

10) 본래 Grok의 문어적 의미는 '심층적으로 이해하는 것'이다. AI 분야에서는 이를 학습한 패턴에 따라 통계적 원리에 기반해 답변을 생성할 뿐인 모델이, 갑자기 진정으로 어떤 개념을 이해하고 있는 것처럼 보일 때 사용한다.(더하여, 일론 머스크는 xAI가 발표한 LLM을 Grok이라 명하였다) 다음의 글들을 참조.
Heaven('24. 3), '여전히 베일에 싸인 대형언어모델의 학습 원리', MIT Tech Review
Ghaswalla('24. 3), 'Grokking for AI: The Way Machines Learn to Truly Understand', Living With AI(Newsletter)

였으며, 이것이 GPT-3.5, GPT-4 등으로 진화하고 있다.

한편, 생성형 AI는 GPT-4와 같은 대화에 특화된 모델뿐만 아니라, DALL-E2, Stable Diffusion, Midjourney처럼 이미지 생성에 특화된 모델(이들은 모델명과 서비스명이 같다)들도 있다. 이때 사용되는 기반 모델은 LLM이 아니라 대개 확산모델(Diffusion Model)이라 부르는 기술이 사용된다. 참고로 이는 품질이 좋지 않은 이미지에서 출발하여 노이즈를 지속적으로 제거함으로써 고품질 이미지를 생성할 수 있게 하는 알고리즘이라고 한다.

LLM의 진화와 멀티모달(Multi-Modal)

그런데 OpenAI의 최신형 이미지 생성형 AI인 DALL-E3는 이전 버전인 DALL-E2와 텍스트 기반 서비스인 ChatGPT를 같이 사용한다. 그렇게 하여 ChatGPT의 자연어 대화기능을 통해서, 보다 쉬운 프롬프트로도 더 고품질의 이미지를 생성할 수 있도록 한 서비스이다. 이 책의 앞부분에 나온 이미지들도 그런 방식으로 생성한 것들이다. 이와 반대로 DALL-E3의 입력창에 어떤 이미지를 넣고 '그림 속 남자가 어깨에 메고 있는 가방의 종류를 알려줘'와 같은 명령을 주면 텍스트로 답을 구할 수도 있을 것이다. DALL-E3를 사용하여 생성한 서언의 그림 1을 ChatGPT 4 입력 창에 넣은 후의 다음 대화는 그림 속 사물 간의 관계를 유추하여 텍스트로 답변하는 능력을 보여준다.

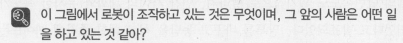

이 그림에서 로봇이 조작하고 있는 것은 무엇이며, 그 앞의 사람은 어떤 일을 하고 있는 것 같아?

이 그림에는 옛스러운 미국 소도시의 평화로운 여름날에 인간 배우들과 인공지능 엔티티가 영화 촬영장에서 협력하고 있는 모습이 그려져 있습니다. 로봇은 영화 카메라를 조작하고 있는 것처럼 보이고, 그 앞에 앉아 있는 사람은 아마도 연기를 하고 있거나 카메라 앞에서 인터뷰를 받고 있는 것 같습니다. 주변에 앉아있는 다른 사람들은 이 장면을 지켜보고 있거나, 휴식을 취하고 있을 수도 있습니다. 로봇이 카메라를 조작하는 설정은 현대적인 기술과 과거의 아름다운 환경이 혼합된 장면을 연출하여 향수와 미래지향적인 요소가 어우러진 이야기를 표현하고 있는 것으로 보입니다.

이 사례에서는 인공지능이 언어와 이미지를 동시에 인지하고 있다. 그러나 이런 방식을 넘어 얼마든지 오감을 통한 인간의 지각을 닮은 형태로 생성형 AI가 진화할 가능성이 있다. 이렇게 하나의 서비스에서 텍스트, 이미지, 나아가 소리, 동영상 등 다양한 형태의 입력과 출력이 가능하게 하는 생성형 AI 진화방향을 '멀티모달(Multi-Modal)'이라 한다. 멀티모달 생성형 AI를 로봇에 장착하면(예: PaLM-E), 로봇에게 '주방에 가서 지금 여기 있는 찻잔과 같은 색깔의 접시를 하나 더 가져와'라고 명령할 수 있을 것이다. OpenAI, 구글은 물론, 많은 AI 기업들이 향후 사용처가 무궁무진할 멀티모달 기능을 앞세운 생성형 AI 모델/서비스에 힘을 쏟고 있다.

물론 이런 기능을 보다 인간친화적인 서비스로 구현하기 위해서는 LLM 기술의 발전 이외에도 인터페이스의 혁신이 필요하다. 지금까지처럼 주로 챗봇에 텍스트로 명령을 입력하는 것이 아니라 말이나 영상으로 직접 Input할 수 있게 하는 것이다. 최근의 LLM 경쟁이 이를 반영하고 있다. OpenAI는 '24년 5월 13 ChatGPT 4o를 발표했는데, 이 서비스는 이용자가 음성, 이미지, 영상 등을 통해 모델과 상호작용할 수 있게 하였다. 모델의 답변속도도 획기적으로 빨라져, 인간 사이의 대화와 유사한 속도가 되었다고 발표되었다. 말투를 바꾸고 농담을 섞고 대화 중간에 끼어드는 등, 상호작용의 품질이 높아졌다.[11]

바로 하루 뒤, 구글의 개발자 대회인 I/O 2024에서는 Gemini를 검색을 포함한 구글의 모든 서비스에 통합하겠다는 계획이 발표되었다. 새로운 검색서비스인 AI Overview에 대해서, 영상으로 턴테이블을 비춰주면서 고장 수리법을 실시간으로 안내받는 시연도 있었다. 더 나아가 구글은 ChatGPT 4o와 동일한 기능을 가진 'AI 비서' Project Astra, 그리고 OpenAI의 SORA와 같은 동영상 생성 서비스 Veo도 소개하였다. 두 기업 이외에도 메타, 앤트로픽 등이 개발한 SOTA(State-Of-The-Art, 최첨단) LLM 및 이를 기반으로 한 서비스 경쟁이 본격화되고 있다.

LLM의 앞날에 관한 몇 가지 이슈들

LLM의 성능과 규모는 매우 빠르게 발전하고 있다. 여기에서 문제가 되는 것 중 하나는, 모델이 거대화되면서 (아무리 효율적 연산방법을 개발하더라도) 모델의 학습과 이용에 소요되는 비용이 치솟게 된다는 것이다. 현재 LLM 연산은 이른바 병렬연산 방식으로 이루어지고, 여기에는 특정 회사가 거의 독점하고 있는 고가의 GPU가 대량으로 사용된다. 생성형 AI의 개발기업이나 이를 사용하는 기업과 일반인이 부담하는 이용료의 근거에는 데이터센터의 GPU 비용이 상당부분 포함되어 있는 것으로 보면 된다.

이와 함께 인공지능 연산을 수행하는 데에 막대한 에너지가 소요되어 전기공급의 부족이 심화될 것으로 지적되고 있다. 이에 따라 넷제로 달성을

---

11) ChatGPT 4o의 o는 omni에서 따온 것이라 한다. 샘 올트먼은 이 발표 이후 X에 'her'라는 짧은 언급을 남겼다.

위한 재생에너지로의 전환에 문제가 생길 수 있다는 점도 우려되고 있다. **에너지 문제의 해결**이 AI 진화에서 가장 중요한 이슈 중 하나로 대두되고 있는 것이다.

비용과 에너지 문제는 차치하더라도, 어떤 Use Case에는 애초에 그리 큰 모델이 필요치 않을 수도 있다. 특정 서비스를 위해 특화된 기능만 필요하거나, 데이터센터의 클라우드를 거치지 않고 디바이스(예: 최신 스마트폰이나 자동차) 내에서 몇 개의 생성형 AI 기능이 직접 구동되도록 하는 경우 등이다. 이를 위해 처음부터 아예 비교적 작은 규모의 LLM(좀 역설적 명칭이지만 Small LLM(sLLM)이라고 부르거나, SLM이라 부른다)이 개발되기도 한다. 일부 AI 기업들은 최신 LLM을 발표할 때 매개변수 숫자가 적은 모델부터 많은 모델까지 다양한 버전으로 발표하기도 한다.

초기와는 달리 최근에는 최고 성능의 LLM들에 대해 모델 자체는 물론 매개변수의 숫자와 같은 내용도 공개되지 않는 경우가 많다. GPT-4, Gemini 등은 이렇게 모델의 속을 들여다보기 어려운 **폐쇄형, 혹은 전매특허(Proprietary) AI**이다. 이에 반하여, 모델의 세부적 기술까지 모두 공개되는 경우가 있다. 이를 **오픈소스(Open Source) 모델**이라 하며, 메타의 Llama 2가 대표적이다. 이런 방식은 다른 개발자들이 이 모델을 자유롭게, 그리고 대부분 무료로 가져다 파인튜닝(Fine Tuning: 어떤 전문적 기능을 잘 발휘할 수 있도록 기본모델에 추가학습 등을 시키는 것)하여 여러 가지 전문화된 모델들을 만들 수 있게 함으로써, 혁신의 확산에도 기여하고 쉽게 관련 생태계를 넓히는 효과가 있다.

우리가 공부해본 적 없는 외국어로 글을 번역해주고, 문장의 결함을 찾아주거나 새로운 문서를 만들어주며, 골칫거리에 답을 찾아주고 개선방향을 제시해주는 등, 아직은 불완전한 텍스트 기반의 능력만으로도 우리는 생성형 AI의 기능에 놀라움을 금치 못한다. 그러나 현재 우리가 목도하고 있는 것들은 향후 우리를 훨씬 더 놀라게 할 생성형 AI의 기능들의 예고편에 불과하다.

나. 모델개발 단계: AI 모델 개발 관련 리스크

데이터의 부족과 AI로 생성된 데이터의 만연으로 인한 LLM의 붕괴

LLM들이 지금까지 인간이 생성해낸 문장, 이미지, 영상, 음악 등을 방대한 규모로 학습해서, 주어진 질문(프롬프트)에 대해 가장 통계적으로 맞을 확률이 높은 답변을 내놓는 것을 목표로 하는 모델임은 살펴보았다. 인간들이 어떤 로맨틱한 맥락과 대화에서 많이 쓰는 문장을 보니까 'I' 다음에는 'Love', 그 다음에는 'You'가 나오는 경우가 많더라 하고 추정하는 식이다.

앞에서 소개했듯이 LLM이 보다 정확한 결과를 내놓는 데에는(모델 개발과정에서의 많은 기술적 보완조치와 학습과정에서 수차례 반복되는 사람의 피드백 등이 중요한 역할을 하지만) **양질의 학습데이터를 다량 확보하는 것이 절대적으로 중요**한 문제이다. AI 기업들은 다양한 방법으로 전 세계 인터넷상의 데이터를 포함한 거대한 학습데이터를 확보한다. 그런데 여기에 두 가지의 문제가 있다.

첫째는 현재와 같이 거대규모 데이터를 활용한 LLM 진화가 계속될 경우, 현재 인터넷에 존재하는 데이터의 양만으로는 감당이 어려울 것이라는 예측이다. AI의 발전방향과 거버넌스 등을 연구하는 Epoch AI라는 연구소는 고품질 데이터 수요가 공급을 초과할 가능성이 '28년이 되면 90%에 달할 것이라고 발표했다. 또한 파라미터 수와 데이터셋의 크기가 모델 성능에 미치는 영향에 관한 일정한 법칙[12]에 따라, GPT-4의 후속모델로 아

---

12) Epoch의 연구는 Chinchilla scaling law를 사용했다. 이 법칙의 의미를 설명하는 것마저 너무 기술적으로 복잡하므로 이 책에서는 생략한다.

직 나오지 않은 GPT-5의 개발에 필요한 데이터 양을 추정했다. 이에 따르면 GPT-5 개발에 필요한 고품질 언어와 이미지 데이터는 60~100조 토큰으로 추정되는데, 이는 가용한 데이터 량을 10~20조 토큰 정도 초과하는 규모라 한다.[13]

둘째는, 생성형 AI의 출현 이후 인터넷상에 ChatGPT와 같은 생성형 AI로 만들어진 글들이 넘쳐나고 있는 현상과 관련된 것이다. 인터넷에서 얻은 데이터를 학습에 사용하는 과정에서 이 글들도 역시 학습데이터로 사용될 수 있다. 이렇게 AI로 생성된 데이터를 다른 AI 학습에 사용할 경우, LLM의 '회귀적인(Recursive)' 속성 때문에 모델의 성능이 점차 열화된다는 소위 모델 붕괴(Model Collapse)의 가능성이 지적되고 있다. 최근에는 실제로 이런 사례가 나타나고 있으며, 또 이 가능성을 개발기업도 인정하고 있다고 알려진다. 일례로 Grok이라는 챗봇이 어떤 질문에 대해, 마치 OpenAI에서 나온 ChatGPT처럼 자신이 OpenAI 사 약관의 제약을 받는다고 답변한 사례가 보고된 바 있다. 그런데 이 챗봇은 OpenAI가 아닌 일론 머스크의 xAI가 출시한 챗봇인 것이다. 이런 현상의 원인이 무엇인지에 대한 다양한 설명이 시도되고 있는 가운데, xAI사의 한 엔지니어는 인터넷에 광범위하게 존재하는 ChatGPT로 생성된 데이터가 이 챗봇의 학습에 쓰였기 때문이라고 해명하기도 했다.[14]

인간이 독창적으로 만들어온 데이터가 고갈되면서, 또 학습데이터에 관련된 저작권 문제가 더 심각하게 부각되면서, 향후 좋은 데이터의 확보 문

---

13) 참조: Seetharaman('24. 4), 'For Data Guzzling AI Companies, the Internet Is Too Small', WSJ

14) 출처: Stokel-Walker('23. 12), 'What Grok's Recent OpenAI Snafu Teaches us about LLM Model Collapse', Fast Company(https://www.fastcompany.com/90998360/grok-openai-model-collapse)

제는 LLM 진화에 걸림돌이 될 수 있다. 이 문제를 해결하기 위해 기업들은 **합성데이터(Synthetic Data)**[15]를 만들어서 사용하거나, 인터넷에 다량 존재하는 음성 파일상의 음성 데이터를 인식하여 LLM 학습에 활용하도록 하는 기술과 같은 해결책을 모색하고 있다. 또한 적은 데이터 양으로도 성능을 향상시키는 방법, 특정분야에 전문적으로 특화된 작은 모델 여러 개를 혼합해서 사용하는 전문가 믹스(MoE: Mixture of Experts) 방식, 데이터 공급을 담당하는 시장을 만드는 것 등의 현재 시도되고 있는 다양한 해결책이 도움이 될 수 있으나, 새로운 기술적 돌파구가 마련되지 않을 경우 근본적 해결이 될지는 미지수이다.

학습데이터의 저작권 문제

생성형 AI의 확산은 저작권과 관련하여 여러 가지 문제를 제기한다. 먼저 LLM 개발기업들이 인터넷상에 존재하는 학습데이터로 사용할 때 데이터 중에 타인의 저작물이 포함되어 있을 수 있다. 이때 이런 방식의 데이터 사용이 저작권을 침해하는지 여부가 이슈로 등장하고 있다. 이와 관련해서 대표적 지적재산권 보유기업들인 게티(Getty Images: 사진 등 이미지 분야)와 뉴욕타임즈(기사 분야)가 각각 Stability AI와 OpenAI/MS를 대상으로 소송을 진행하고 있다.

먼저, 게티는 Stability AI사가 이미지 생성형 AI 툴인 Stable Diffusion을 학습시키는 데에 게티의 이미지들을 저작권 존중 없이 사용했고, 이는 게티와 경쟁관계인 서비스를 제공하는 데에 이용되었다고 주장

---

15) Synthetic Data란 원 데이터와 유사한 통계적 속성을 가지도록 만들어진 인공데이터를 말한다. 앤트로픽, OpenAI 등이 이런 방식으로 데이터 부족 문제를 해결하고자 시도하는 것으로 알려진다.

했다. 이에 대해서는 미국과 영국에서 재판이 진행중이다.[16] 뉴욕타임즈 역시 OpenAI와 MS가 모델 학습에서 뉴욕타임즈의 기사들을 허가나 적절한 대가 지불 없이 사용하면서 자신들과 경쟁관계가 되는 서비스를 구축했다고 주장했다.[17]

게티와 뉴욕타임즈가 각각 이미지와 저널리즘 분야에서 대표적 기업이기 때문에, 소송결과에 이들과 유사한 기업들이나 일반 전문가들의 많은 이목이 쏠려 있다. 한편, 우수한 지적재산(IP)을 대량 보유하고 있는 이런 기업들은 법적, 제도적인 해결과는 별도로 AI 기업들과의 협력을 강화하거나, 더 나아가 스스로 AI 기술을 적극 포용하고 있다. 게티의 경쟁자인 셔터스톡(Shutterstock)은 OpenAI에게 Dall-E 학습에 이미지 활용을 허용한 바 있으며, 어도비(Adobe)는 Photoshop에 생성형 AI 엔진인 Firefly를 장착하였다.

게티도 소송을 진행하는 한편 엔비디아(Nvidia)와 협업하여 직접 이미지를 생성하는 생성형 AI 서비스를 출시하였다. 게티는 이 서비스의 경우 학습데이터 라이센싱 문제를 다 해결해서 이용자는 생성물에 대한 영구적 권리를 보유한다고 설명한다. 또한 게티는 이용자가 생성한 결과물을 기존 라이브러리에 추가시키지 않을 계획이고, 생성형 AI 이용자 요금수익으로부터 사진작가들을 학습 데이터셋에 기여한 바에 따라 보상할 예정(수익의

---

16) 출처: Vincent('23. 2), 'Getty Images sues AI art generator Stable Diffusion in the US for copyright infringement', The Verge(https://www.theverge.com/2023/2/6/23587393/ai-art-copyright-lawsuit-getty-images-stable-diffusion)

17) 참고: Helmore and Paul('23. 12), 'New York Times sues OpenAI and Microsoft for copyright infringement', The Guardian(https://www.theguardian.com/media/2023/dec/27/new-york-times-openai-microsoft-lawsuit)

30%)이라고 밝혔다.[18]

　IP 보유자와 생성형 AI 개발기업 간에 발생할 수 있는 이런 성격의 문제에 대해 만일 게티가 제안한 것과 유사한 시스템이 도입된다면, 다양한 이슈가 제기될 수 있다. 게티는 보상기준으로 학습데이터 기여비율 및 일정 시간 동안의 성과라는 두 가지를 들고 있다. 그런데 생각해보면, 만일 이용자가 어떤 이미지를 생성했을 때 그 생성에 구체적으로 어떤 작가의 어떤 작품이 실제로 기여했는지 꼭집어 알 수 있다면, 가장 명확하게 보상대상과 기준을 정할 수 있을 것이다. 그러나 앞에서 소개한 것처럼 콘텐츠의 생성과정을 명확하게 밝혀내기 어려운 생성형 AI 모델의 특성상, 이것이 실제로 불가능할 가능성이 많다. 따라서 게티는 위와 같이 다소 간접적인 기준을 제시하는 것으로 추정된다. 따라서 앞으로도 이와 유사한 사례에 대하여 구체적이고 합리적인 보상액 계산기준을 만드는 것이 쉽지 않을 것으로 보인다.

　한편, 이런 서비스를 하는 사업자가 자신의 AI 모델을 학습시킬 때 생성형 AI 등장 이전부터 축적되어 온 데이터베이스를 사용하였다면, 그 중에는 이 보상 시스템의 적용을 받기 원하지 않는 작가의 작품도 포함되어 있을 것이다. 이들이 만일 자신의 작품이 여전히 데이터베이스에 등록되어 있되, 이 보상 시스템에서는 제외되는 것을(Opt-Out) 원한다면 어떻게 처리하는 것이 가능할까? 이런 작가가 나올 때마다 이들의 작품을 제외하고 모델을 다시 학습시키는 것은 AI 서비스기업으로서는 현실적이지 않을 수 있다.

---

18) 참고: Goode('23. 9), 'Getty Images Plunges Into the Generative AI Pool', Wired(https://www.wired.com/story/getty-images-generative-ai-photo-tool/)

앞으로 콘텐츠 분야에 AI의 활용도가 점차 높아지는 것은 명약관화하다. 인간이 온전히 기존 방식으로 창작한 작품이 생성형 AI 모델의 학습데이터로 사용되는 부분에 대해 어떤 보상체계를 만들어 나가는 것이 바람직할까? 이 이슈가 가진 인류문화의 미래에 대한 함의는 작지 않다. 관련된 제도적 이슈가 잘 정리되지 않으면 인간 창작자의 창작동기를 저해하여, 인류가 지속적으로 창의성을 발휘하고 독창적 콘텐츠를 만들어내는 힘이 점차 쇠퇴될 수 있다. 생성형 AI의 놀라운 기능은 인간 창작물에 대한 학습에 대폭 의존하고 있으므로, **인간의 창작의욕이 쇠퇴되면 인공지능 모델의 진화에도 밝은 미래가 있다고 하기 어렵다.** 이 두 가지 문제가 악순환을 일으켜 인류의 미래 문화수준에 가중된 악영향을 끼칠지 모른다.

학습데이터의 개인정보 보호 문제

AI 등장 이전에도 SNS, 검색, 온라인 상거래, OTT 등의 디지털 서비스를 제공하는 기업들이 서비스나 콘텐츠 추천, 광고 등을 위해 데이터 분석을 활용한 것은 오래되었다. 그런데 분석에 사용되는 데이터에 개인정보가 포함되었을 경우에 프라이버시가 침해될 소지가 있다. 이런 문제를 최소화하면서 데이터 분석기술 발전과 데이터기반 경제를 촉진하기 위한 제도들이 수년간 마련되어왔다. 데이터 분석에 개인정보를 사용하기 전에 정보 소유자의 동의를 받는 것이 가장 확실한 방법이나, 대규모 데이터가 사용되는 경우 이것이 용이하지 않을 수 있다. 이때 데이터에 개인이 식별되기 어렵게 가명화나 익명화 등 처리를 거치면 분석에 이용할 수 있도록 제도화한 것이다. 생성형 AI 이전의 기존 AI를 학습시킬 때에도 마찬가지로 이런 제도적 틀 내에서, 데이터에 적절한 조치를 하여 사용하면 되었다.

따라서 생성형 AI의 학습데이터 사용에서도 동일한 규칙을 적용하면 되겠지만, 이는 현실적으로 매우 어려운 문제가 될 소지가 있다. LLM의 경우 통상 인터넷상에 공개된 엄청난 정보를 크롤링(Crawling) 하여 학습데이터로 사용한다. 그런데 이 중의 일부 데이터에는 개인정보가 포함되어 있을 가능성이 있다. 그러나 개인정보의 주체인 전 세계 수많은 사람들의 동의를 일일이 얻기는 사실상 불가능하기 때문이다. 예를 들자면 공개된 개인 블로그의 글 중에는 작성자의 개인정보가 포함된 경우가 있다. 그런데 모든 블로거가 오래 전 이 글을 쓸 때, 자신의 정보를 당시 존재하지도 않던 LLM 학습에 사용하게끔 명시적으로 허용한 것은 아닐 것이다. 또한 대부분의 블로거들은 생성형 AI가 자신의 개인정보를 공개하도록 허락한 적도 없을 것이다.

ChatGPT의 초기에 이용자들의 제보 중에는 챗봇과 대화하는 과정에서 챗봇이 특정 개인정보를 답변에 노출하였다는 사례들이 있었다. 특히 이용자가 악의를 가지고 프롬프트를 교묘하게 넣으면 이런 일이 발생된다는 제보들이었다.[19] 물론 지금은 이런 악용 소지를 줄이기 위해 기업들이 많은 노력을 기울이고 있다고 생각된다. 그러나 이러한 ChatGPT 초기의 우려에 따라 이탈리아는 자국에서 아예 서비스를 금지하기도 하였음은 잘 알려져 있는 사례이다.

LLM이 학습데이터의 상당부분을 인터넷의 공개 정보에 의존하는 한, 다음과 같은 선택지가 있을 것이다. 첫째, 실현 가능성을 떠나, 무조건 작성자 동의를 받은 정보만 사용하도록 한다. 둘째, LLM 기술의 발전을 위해 공개된 개인정보의 경우 LLM 학습데이터로의 사용에 대한 동의를 표

---

[19] 한 연구에 따르면 LLM은 모델 내부에 학습 데이터를 그대로 암기하고 있다가 특정 개인정보를 그대로 생성/출력할 가능성이 있고, 추론 공격 등에 노출될 위험이 존재한다고 하며, 큰 모델이 작은 모델보다 오히려 이런 악의적 공격에 취약하다고 한다. 참조: Carlini, et al.,('21), 'Extracting Training Data from Large Language Models',(https://doi.org/10.48550/arXiv.2012.07805)

현한 것으로 간주해준다. 셋째, 사용목적에 따라 항상 가명처리나 익명화 등 기존 제도에 의거하여 처리 후 이용하도록 의무화한다. 어느 쪽에 가까운 선택을 하는 것이 바람직할까? LLM이란 새로운 학습방식에 의거하는 혁신기술에 대해 기존 개인정보 보호제도의 틀을 다르게 적용할 필요가 있는가? 생성형 AI에 대한 개인정보보호 제도에 대해서는 Part Ⅱ에서 좀 더 상세히 논의하도록 한다.

다. 프로덕트 단계: AI 기반의 생성물과 서비스 관련 제도적 이슈

생성형 AI가 가장 먼저 널리 활용되고 있는 분야는 검색(정보탐색)과 콘텐츠 창작일 것이다. 생성형 AI의 초창기였던 '22년 말에서 '23년 초까지는 AI와의 대화가 큰 관심을 끌면서, LLM을 통한 검색의 진화 가능성에 많은 관심이 쏠렸다. 즉 사람들이 정보를 얻고자 할 때 구글이나 네이버와 같은 기존 검색엔진의 검색 창에 넣는 것이 아니라 LLM 챗봇에게 물어봄으로써 좋은 정보를 얻을 수 있는가 하는 것이었다. 그러나 생성형 AI의 초기에는 이런 식으로 챗봇에서 유용한 정보를 얻은 사례보다는, 미성숙된 AI가 내뱉는 엉뚱한 답변(Hallucination. 비의도적인 잘못된 정보, 즉 오정보를 의미하는 Mis-Information으로 부를 수도 있다) 문제가 훨씬 더 많은 화제를 일으켰다.

그런데 이 문제는 그후 상당부분 해결되어 가고 있다. 이 문제의 원인 중 하나는 사전학습의 특성상 실시간으로 변화하는 데이터를 반영하기 어렵다는 것이므로, AI 챗봇이 답변할 때 플러그 인 된 검색엔진 기능을 동시에 활용하도록 하여 정보의 정확성을 높이고자 하는 것이 대표적이다. 또한 인간의 피드백을 통하여 강화학습을 진행하고, 또 그 외의 기술적 혁신을 통해 모델의 성능을 높이는 시도들이 좋은 성과를 내고 있다.[20] 챗봇의 엉뚱한 답변 문제가 빠른 시일 내에 완전히 해결될 것이라고 생각하기는 어려우나, 생성형 AI 기반 챗봇이나 검색엔진들의 치열한 경쟁을 생각하면, 어떤 제도를 통하기에 앞서 기업들의 노력에 의해 진전이 신속히 일어날 것이라 생각된다. 따라서 이 책에서는 엉뚱한 답변 문제에 대해 더 논의하지는 않으려고 한다. 그러나 이와는 다른 이슈로 '가짜뉴스', '딥페이크' 등 의도적으로 생성되는 허위정보(Dis-Information)에 대해서는 아래에서 별도로 논의해야 할 주제이다.

AI로 생성된 콘텐츠의 창작자 권리 침해 이슈

사실 대화형 챗봇인 ChatGPT에 조금 앞서 등장한 생성형 AI는 그림을 그려주는 DALL-E, Midjourney 등이었다. 초기에 이들이 생성하는 콘텐츠의 품질은 대부분 그다지 높지 않아 호기심 대상 이상은 아니었다. 그러나 매우 짧은 시간동안 비약적 발전을 이루어, 지금은 생성형 AI가 글쓰기, 그림, 영화, 음악 등 모든 창작의 영역에서 뛰어난 품질의 결과물을 생성하고 있다. 더욱이 콘텐츠의 생성이 점차 쉬워지고, 다량의 생성물을 거의 추가비용 없이(제로 한계비용) 만들어 낼 수 있다.

AI가 콘텐츠를 만들어내는 원리와 과정은 인간의 창의성 발현 과정과는 다르다. LLM이나 확산모델은 해당분야의 거대한 데이터셋을 학습한 후, 프롬프트로 들어오는 인간의 요구에 따라 콘텐츠를 생성한다. 그런데 인류의 작품에 대한 거대한 규모의 학습을 거친 이유로, 생성형 AI는 이용자가

---

[20] 엉뚱한 답변을 줄이기 위한 기업들의 노력에는 프롬프트 단계에서의 필터링이나 재구성, 출력 값 보완, 서비스 정책 적용 등의 노력도 포함된다.

기존의 창작자 스타일을 닮은 콘텐츠도 용이하게 만들 수 있게 한다. 예를 들어 고호 스타일로 그리는 만화, A 가수의 음성으로 B 가수의 노래를 부르게 하는 커버 곡, 할리우드 파업에서 문제가 되었듯이 배우를 가상화하여 여러 가지로 변형, 활용하는 것 등이다.

[그림 3] DALL-E3 사용.
Prompt: Draw a big golden retriever playing with a baby cat in Vincent van Gogh style.

물론 인간의 창작에도 그간 경험해온 다른 사람들의 창작물이 직간접적
영향을 미치게 마련이지만, 인간 창작자는 자신만의 창의성을 발휘한다.
기존과는 다른 새로움을 추구하는 것이다. 적어도 현재까지 존재하는 생성
형 AI 툴을 활용한 콘텐츠 생성이 인간의 창작과 비교해서 한계를 가질 수
밖에 없는 이유이다. 결과물의 품질과 수준을 떠나서, 창작의 과정에서 발
현되는 인간 고유의 창의성까지 기계가 가지는 것은 어렵다는 것이 많은 전
문가들의 지적이다.

그런데 시장에서 발생할 수 있는 보다 현실적인 문제는, 이렇게 생성된
콘텐츠가 기존의 창작물에 대해 보호되고 있던 다양한 권리를 침해할 수 있
다는 것이다. 앞서 언급한 게티이미지와 Stability AI 간 소송에서 나온
게티의 또 하나의 주장은, 일부 생성된 이미지에 게티의 상표가 그대로 노
출된 사례가 발견되었는데, 해당 생성물의 품질 자체가 열악하여 게티 상
표의 가치를 떨어뜨렸다는 것이다. 이외에도 합성음성을 사용하여 유명가
수인 브루노 마스가 부른 것처럼 커버곡을 만드는 사례도 나와 있다.[21]

이런 사례들을 들여다보면 단순한 풍자로 받아들일 수 있는 경우도 있을
수 있다. 그러나 얼마나 기존 창작물과 유사한가에 따라 원저작자에 경제
적 피해를 주는 결과를 가져오는 경우도 있을 것이다. 또 아예 이용자가 원
저작자에게 피해를 줄 의도를 가지고 복제품에 가까운 콘텐츠를 쉽게 생성
하는 악용사례도 있을 수 있다. 관련하여 법적으로는 저작권만 이슈가 되는
것은 아니다. 배우의 이미지, 가수의 음성 등은 저작권법의 보호를 받는 저
작물이 아니기 때문이다. 이런 특성에 대한 권리 침해 여부 판단에는 퍼블
리시티권, 인격권, 초상권 등 보다 다양한 관련 제도도 고려되어야 한다.

---

21) 각종 소셜 미디어와 인터넷에서 이와 같은 사례를 얼마든지 찾아볼 수 있다.

이 절의 성격과 다소 달라 상세히 설명하지는 않겠지만, 생성형 AI와 저작권 제도 관련해서 생각해야 할 또 하나의 이슈는, 이렇게 AI를 활용하여 생성해낸 콘텐츠에 대하여 인간이 창작한 것과 유사한 권리를 보장할 수 있는가 하는 것이다. 이에 대해서는 Part Ⅱ에서 논의하도록 한다.

AI 시스템에 기반한 제품과 서비스의 안전성 관련 이슈

지금까지 본 콘텐츠 문제와는 다르게, 프로덕트 단계의 이슈에는 AI 시스템에 기반해서 만들어진 제품이나 서비스의 안전성을 어떻게 보장할 것인지에 대한 이슈도 있다. 최근 AI 시스템이 로봇과 결합하는 사례가 점차 늘어나면서, 생성형 AI의 여러 가지 가능성을 활용한 흥미로운 시도들이 많아지고 있다. 예를 들어 구글 딥마인드가 스탠포드 대학과 협업하여 진행하는 ALOHA 프로젝트는 생성형 AI가 탑재된 로봇이 설거지, 요리, 청소 등에 대해 인간이 일하는 장면을 수차례 보여주며 모방학습(Imitation Learning)하게 한다. 이후, 로봇이 학습한 것과 정확히 같지 않은 세팅에서도 이런 일들을 대신해주도록 하는 시도이다.[22] 콘텐츠 생성을 넘어서 앞으로 생성형 AI를 활용한 이런 Use Case들이 수없이 많이 나올 것으로 예상된다. 그런데 이런 기술들이 가져다줄 편익을 충분히 누리려면 안전성이 보장되어야 함은 물론이다.

생성형 AI 모델의 특징 중 하나는 범용성이다. 특별한 용도만을 가진 기존의 판별형 AI, 혹은 '좁은 AI(Narrow AI)'와 달리, LLM을 그대로 또는 특정 용도에 더 적합하게 파인튜닝하여 다양한 제품과 서비스에 적용할 수 있다. 로봇이나 자율자동차 같은 제품이 하드웨어, 즉 기계와 그 기계

---

22) 다음의 링크에서 상세한 설명과 데모를 볼 수 있다. 참조: https://mobile-aloha. github.io/

를 조종하는 AI 시스템으로 구성된다고 하자. 제품이나 서비스의 결함으로 사용 중에 불행하게도 사고가 발생할 수 있다. 이때 전체 시스템을 아우르는 안전성 보장에 대한 책임을 누구에게 부여할 것인지가 이슈가 된다. 그런데 LLM의 범용성 때문에, 최초의 기본모델을 개발한 기업은 나중에 자기의 모델이 어떤 시스템에 어떤 용도로 사용되었고, 그 시스템이 어떤 사고와 관련되게 되었는지 개발 당시에는 미리 알기 어려울 수 있다. 기본모델이 나중에 이용단계에서 파인튜닝 되어 사용된다면 더더욱 그렇다.

또한 피해보상 제도와 관련된 문제도 있다. 전통적 제품에서 제조물 책임에 대한 보상은 제조기업이 아닌 이용자가 책임소재를 가진 기업에게 제품으로 인한 피해가 발생했음을 입증하고 보상을 청구하는 체계이다. 그런데 위와 같은 복합적 시스템의 사용 중에 피해가 발생하면 이용자의 입장에서 정확한 사고의 원인제공자가 누구인지를 구명하는 것이 쉽지 않을 수 있어, 누구에게 보상을 청구할 것인지가 모호하게 될 가능성이 높다.

많은 경우 최종 제품이나 서비스 제공자가 이용자 보상에 관해 총괄적 책임을 질 것으로 예상된다. 그런데 어떤 기성품 하드웨어나 서비스에 플랫폼 등 어떤 서비스 제공자가 생성형 AI 기능을 탑재하여 최종 이용자에게 제공하는 경우가 있을 수 있다. 참고로 이런 조정이나 변경을 행하는 사람은 최종이용자 본인일 수도 있다.[23] 그러면 관련된 밸류체인이 한층 복잡해지고, 어떤 피해가 발생했을 때 책임소재를 가진 기업을 알아내는 것은 물론, 이용자 본인의 귀책사유인지 아닌지도 명확히 밝히기 어려울 수 있다.

---

23) OpenAI는 맞춤형 챗봇을 손쉽게 개발하여 사용할 수 있도록 GPTs 기능을 제공하고 있다. 앞으로 이용자 본인이나 서비스 플랫폼이 각 이용자에게 특화된 맞춤형 챗봇을 기성제품이나 서비스에 추가하여 사용하거나 제공하는 사례가 늘어날 것이다.

어렵게 책임소재가 밝혀진 경우라 하더라도, 만일 그 책임이 하드웨어가 아닌 AI 기능에 있다면 기존 제조물 책임법을 적용하기는 어렵다. 그 이유는 유럽, 한국 등 대부분 국가의 기존 제조물 책임법은 디지털 프로덕트를 대상으로 만들어진 것이 아니기 때문이다. 이상을 정리하면, AI와 하드웨어가 결합된 제조물의 경우 이용자에게 피해가 발생했을 때 이용자가 책임소재를 가진 기업을 밝혀내기 매우 어려울 수 있고, 또 기존의 제조물 책임법에 의거한 보상 청구도 어렵다는 것이다. AI 시대에 맞는 안전성 관련 제도 정립이 요구되는 이유이다.

라. 이용단계: AI 기술의 오남용 및 악용 관련 이슈

의도적 허위정보(Dis-Information)의 생성

생성형 AI는 이용자들이 어떤 의도를 가지고 허위정보[24]를 생성하는 행위를 아주 쉽게 만드는 도구이기도 하다. 진짜와 거의 판별할 수 없는 허위 콘텐츠들이 이미 넘쳐나고 있다. 명품 코트를 입은 교황의 사진부터 최근의 테일러 스위프트 딥페이크(Deep Fake) 이슈에 이르기까지, 허위정보는 크고 작은 문제를 불러 일으키고, 사람들의 믿음, 정치와 사회에 대한 신뢰에 영향을 주며, 피싱, 명예훼손, 정치적 교란행위를 비롯한 각종 범죄에 악용될 수 있다. 생성형 AI는 낮은 비용으로 엄청난 스케일의 기만행위를 가능케 하는 도구가 될 수도 있는 것이다. 허위정보의 만연이 가져올 수 있는 리스크에 대해서는 이 책에서 더 강조할 필요가 없을 것이다.

---

24) 이 이슈와 관련하여 '가짜뉴스(Fake News)'라는 용어도 널리 쓰이고 있지만, 용어 사용과 관련된 여러 가지 견해들이 존재하므로 이 책에서는 허위정보라는 용어를 사용하기로 한다.

허위라는 말에는 거짓이라는 의미와 조작되었다는 의미가 섞여 있는 것으로 생각된다. 본래 진실인 정보인데 교묘히 조작되어 거짓정보가 된 경우와, 최초에 만들어질 때부터 거짓된 정보인 경우가 혼재하고 있을 것이다. 그런데 해당 정보의 성격이 현재 서울의 기온이나 야구경기 스코어처럼 단순한 것이 아닌 복잡한 것일수록 어떤 정보가 본래 진실인지 아니면 거짓된 정보인지를 판단하기는 쉽지 않을 수 있다. 한편 명백히 허위정보인 경우에도, 어떤 허위정보는 풍자라는 범주 안에서 사회적으로 용인되는 경우도 있다. 허위정보 이슈를 논의할 때 항상 표현의 자유가 같이 논의되는 배경이다.

허위정보에 대한 기술적, 제도적 대책도 이에 따라 쉽지 않다. 아마도 이 이슈에 대한 대책은 AI 기술에 대한 규제 차원보다 훨씬 넓은 차원에서 논의되고 추진되어야 할 것으로 생각된다. 이것이 허위정보 문제에 대한 각국의 대응이 먼저 **AI를 통해 생성된 콘텐츠나 정보임을 모두가 확인할 수 있게 하는 데에 초점**을 두고 있는 이유라고 생각된다. 각국에서는 법적인 조치는 아니더라도, AI 생성 정보에 대해 워터마크를 부착하여 정보의 원조성(Authenticity)을 확인할 수 있게 하는 지침이 점차 확산되고 있다. AI를 통해 생성된 정보임을 밝히면 정보 이용자가 스스로 수용여부에 대한 판단을 내릴 수 있다. 또한 이용자가 어떤 정보를 접했을 때 의도적 조작을 통해 생산된 허위정보임을 쉽게 판별하거나, 조작 자체를 방지할 수 있게 하는 효과도 기대할 수 있다. 허위정보가 유통되면 정보를 유통하는 플랫폼 기업의 경쟁력에도 부정적 영향을 미칠 수 있다. 이에 따라 허위정보를 방지하기 위한 관련 기업들의 기술적이나 운영차원의 다양한 노력도 커질 것으로 예상된다.

Prompt Injection

생성형 AI가 의도적 허위정보 확산의 도구로 쓰이지 않게 하는 것만큼 중요한 것 중 하나가, 교묘한 프롬프팅을 통해 모델로부터 바람직하지 않은 정보를 이끌어내는 행위일 것이다. 프롬프트 인젝션을 통해 생성형 AI의 특정 동작을 유도해서 모델의 작동준칙을 위배하게 만들거나, 모델과 관련된 중요한 내부정보를 누설하게 만드는 사례들이 알려져 있다.[25] 누군가를 기만하려는 목적에서 한 걸음 더 나아가서, 모델에서 답변이 금지된 정보나 유해한 정보를 얻으려고 하는 것이다. 또한 모델에 대한 이런 공격방법들은 쉽게 인터넷을 통해서 공유될 수 있다. 아직까지 원천적으로 방지할 수 있는 수단은 찾기 어려우나, 기업들의 해결 노력이 경주되고 있는 이슈 중 하나이다.

안전과 기본권에 대한 광범위한 위협

생성형 AI의 범용적 성격은 악의를 가진 이용자가 이상과 같은 사례 이외에도 다양한 범죄의 도구로 활용할 가능성을 높여준다. 획기적 신약개발을 위해 만들어진 모델이 잘못 유출되면 생화학 무기 개발에 사용될 수 있다거나, 일반인의 코딩을 쉽게 해주는 모델이 해킹에 악용되는 경우도 있을 수 있다. 공공서비스에 사용되는 모델에 편향적 특성이 제거되지 않는다면, 채용, 복지서비스 제공, 금융 분야 등에서 불평등을 심화시킬 수 있다. 아예 모델에 조작된, 혹은 편향적 데이터를 입력하거나 파인튜닝을 통해 모델의 안전성을 훼손하는 행위(Training Data Poisoning)도 이용

---

25) 교묘히 대화를 진행시켜 LLM으로 하여금 자신이 감정을 가지고 있는 것처럼 반응하게 만드는 사례도 있었고, 아예 LLM에 부여된 준칙을 무시하게 만드는 프롬프트들이 공유된 적도 있었다. https://www.wired.co.uk/article/chatgpt-prompt-injection-attack-security

단계에서 우려되는 리스크이다. AI의 성능이 진화하고 이용이 확산되면서 인류가 대응해야 할 리스크들은 점차 늘어나고 있다.

마. AI에 의한 인간노동의 대체 이슈

좀 더 거시적인 관점에서 AI의 확산이 가져올 수 있는 리스크 중 가장 관심이 집중되고 있는 이슈는 AI가 인간의 일자리를 빼앗을 것이라는 우려이다. 이는 현재시점에서도 일부 현실화되고 있다고 지적되기 때문이다. 이 문제를 분석한 다양한 연구가 존재한다. 최근의 한 기사는 생성형 AI가 대체할 수 있는 직업 10가지를 발표하면서, 코딩, 프로그래밍, S/W 엔지니어링, 데이터분석 등 오히려 AI 확산으로 수요가 많을 수도 있겠다고 생각되었던 기술분야의 직무(Task)들을 그 목록에 올림으로써 주목을 끌었다. 이외에도 미디어(광고, 콘텐츠 창작, 기술분야 저술, 저널리즘), 법률(준변호사나 법무보조), 시장분석가, 교사, 재무(재무분석가, 개인자문), 트레이더(트레이딩, IB), 그래픽 디자이너, 회계사, 고객서비스 에이전트 등의 분야가 인공지능에 의해 대체될 가능성이 높은 직무(High-Exposure Tasks)로 꼽혔다.[26]

생성형 AI 이전의 유사한 연구들은 인공지능이 주로 저소득 직업을 대체할 것이라는 결과를 내어놓은 경우가 많았다. 이는 이제까지 인공지능의

---

26) 출처: Zinkula and Mok('24. 3. 7), 'ChatGPT may be coming for our jobs. Here are the 10 roles that AI is most likely to replace', Business Insider(https://www.businessinsider.com/chatgpt-jobs-at-risk-replacement-artificial-intelligence-ai-labor-trends-2023-02#market-research-analysts-4)

용도가 숙련을 요하지만 비교적 정해진 일에 특화된 성격을 가지고 있었기 때문이다. 그러나 생성형 AI 출현 이후의 연구들은 이와 완전히 다른 결과를 내어놓고 있다. 생성형 AI가 가진 다양한 기능과 전문적 분석에 사용될 수 있는 잠재력을 목격한 이후에는, AI로 대체될 것으로 예상되는 대부분의 직무 또는 직업이 지금까지는 대표적으로 고소득을 보장하면서 안정적인 직업으로 간주되어 왔던 것들로 바뀌고 있는 것이다.

우선 최근의 연구들은 생성형 AI가 주로 일으키는 생산성 향상이 기존 AI와는 다른 분야에 발생할 수 있다는 결과들을 발표하고 있다. 대표적인 예가 그동안 각광을 받아오던 프로그래머 직군이다. 지금은 대부분의 프로그래머가 생성형 AI를 사용하여 코딩을 훨씬 더 쉽게 하고 있다. 이런 생산성의 증가는 프로그래머 개인에게는 도움이 되지만 전체 프로그래머에 대한 고용수요를 감소시킬 수 있다. 그런데 이러한 현상은 AI로 인한 노동 분야에의 영향과 대책에 대한 선진국들의 고민을 더 깊게 만든다. 이들 나라에는 위와 같은 전문적 직군의 근로자 비율이 상대적으로 높기 때문이다. 후발국가의 경우에는 인공지능으로 대체될 수 있는 직군 근로자 비율이 상대적으로 낮을 수도 있다. 하지만, 동시에 국가의 생산성이 AI로 인하여 높아질 여지도 적을 것이다.[27]

인류의 거시경제 시스템은 인간이 노동을 통해 소득을 창출하고 제품과 서비스를 소비함으로써 구동되는 시스템이다. 미래에 지금보다 더 뛰어난, 심지어 인간의 능력을 넘어선 성능을 가진 인공지능 시대가 도래하게 되면, 이 시스템에 어떤 영향이 생기고 어떤 변화가 요구될지 상상하기 쉽지 않다. 이런 이슈들을 고려하면 인공지능의 일자리 대체 문제가 야기하는

---

[27] 참고: Gopinath, Gita(2023). 'Harnessing AI for Global Good', Finance & Development

정책적 이슈의 성격도 보다 복잡해지고, 고민해야 할 정책대안들도 더 많아진다.

예를 들어 인공지능의 일자리 대체문제에 대해 보편적 기본소득이나 '로봇세(Robot Tax)' 도입을 고려한다 해도, 이런 제도의 도입이 자동화를 위축시키고 생산성 향상효과를 저해할 수 있는 영향도 고려해야 한다. 어떤 분야에서 로봇이 인간의 노동을 대체하는 영향과, 다른 분야에서 생산성을 향상시켜 일자리를 늘리거나 노동자의 임금을 증가시키는 효과를 동시에 고려해야 하기 때문이다. 때로는 동일한 분야 내에서 이 두 가지 효과가 동시에 나타나 문제를 더 복잡하게 만들 수도 있다. 로봇의 효과를 어떻게 판단할 것인가, 어떤 유형의 로봇이 노동자를 대체하고, 어떤 로봇이 인간 노동자를 돕는 효과가 더 큰가, 인공지능과 일반 소프트웨어 간의 차이를 어떻게 고려할 것인가 (즉, 로봇의 정의는 무엇인가?) 등이 모두 고려기 필요한 이슈라고 할 수 있다.[28]

유발 하라리는 『사피언스』를 비롯한 여러 저술과 인터뷰를 통해 몇 년 전부터 인공지능 확산이 초래할 수 있는 위협과 인류사회에 대한 영향에 경고를 보내고 있다. 그는 인간의 지식노동 상당 부분이 10~20년 안에 인공지능에 의해 대체될 것으로 예상되며, 이로 인해 일자리 부족, 시장경제 제도의 근본적인 흔들림, 그리고 변화에 적응하지 못하는 사람들의 속출 등 세 가지 주요 문제를 인류에게 가져다줄 것이라고 언급한 바 있다. 하지만, 그는 이러한 도전에도 불구하고 인공지능 연구에 희망을 거는 이유가 지구의 생산성을 비약적으로 높여줄 수 있기 때문이라고 언급하기도 했다.

---

[28] 이런 이슈와 관련된 경제학적 연구결과도 다수 나와있지만, 일반적 이해를 위해서는 다음을 참조할 수 있다. Philippa Kelly('23. 11), 'AI is coming for our jobs! Could universal basic income be the solution?', The Guardian

이 문제에 대해 노동자의 재교육, 소득분배 체계 및 조세제도의 개편 등의 대안들이 연구되고 제안되어 왔지만, AI 시대 인간의 역할 및 바람직한 경제시스템에 대한 근본적 고찰이 필요한 이슈이다. 다양한 논점에서 관련 논쟁이 치열한 상황이며, 나라마다 다른 산업구조와 고용구조 때문에 일률적으로 단시간에 해결되기는 어렵다고 할 수 있다. 아마도 AI에 의한 대규모 노동대체는 조금 더 미래에 일어날 일일 것이므로, 어떤 소득분배나 조세정책을 집행할 적절한 시점을 정해서 너무 이른 변화나 너무 늦은 대응이 되지 않게 해야 할 것이다. AI가 각 분야의 생산성과 고용량에 어떤 영향을 미치는지에 대한 정밀한 연구가 선행되어야 하고, 대체가능성에 노출이 심한 직업군에 대한 재교육, 인공지능 시대에 적합한 직무역량(Skill) 확보, 그러면서도 인간 고유의 가치 유지를 위한 교육 등에 대한 정책이 디자인 되어야 한다. 모두에서 언급한 대로, 이 책에서는 거시적 경제구조 변화에 대한 심층적 논의보다는 당장 AI가 제기하는 이슈들 소개에 좀더 비중을 두었다. 따라서 이런 과제들에 대한 구체적 대안들까지 이 책에서 다루는 데에는 한계가 있다. 그러나 이 모든 것들은 필히 우리가 준비하고 해결해야 할 무거운 과제들이다.

3. 초 인공지능으로의 진화, 위협과 통제

가. 인간의 능력을 초월한 인공지능이 가져올 수 있는 위협

지금까지는 현재까지 우리가 목격하고 경험한 생성형 AI의 기능, 그리고 그 한계 내에서 일어날 수 있는 리스크와 이슈들을 살펴보았다. 그런데 앞으로 훨씬 높은 수준으로 진화할 인공지능 기술은 이보다도 더 심각한 이슈를 인류사회에 제기할 수 있다고 많은 사람들이 경고한다. 일반 인공지능(AGI: Artificial General Intelligence), 혹은 초지능(Super Intelligence) 개발, 그리고 특이점(Singularity Point)[29]이라는 용어를 사용하는 사람은 수 없이 많지만, 사람마다 전달하고자 하는 의미가 정확히 동일하다고 보기는 어렵다. 또 이런 수준으로 인공지능이 진화되었을 때 초래될 수 있는 소위 '실존적 위협(Existential Threat)'을 이야기하는 사람들도 어떤 공통된 프레임워크하에 생각하고 있지는 않은 것 같다. 이

---

29) AGI나 초지능은 통상 가장 뛰어난 사람의 수준을 넘어서는 성능을 가진 인공지능을 부르는 데에 사용하는 용어이다. 그런데 범용으로 개발된 인공지능의 경우 이는 곧 모든 분야에서 온 인류를 합친 것보다 뛰어난 성능을 가질 수 있음을 의미한다. 특이점은 인공지능이 초지능 수준에 도달하는 상태를 말하고, 적절한 인간의 통제장치 없이 이 수준을 넘어서는 순간 인간으로서는 인공지능의 진정한 능력을 알 수 없고 그 행동이나 행동의 동기를 예측할 수도 없다. 이들 용어에 대한 보다 엄밀한 정의는 아래에서 소개한다.

런 상황에서 구글 딥마인드가 발표한 논문[30]은 관련 논의에 도움이 될 것으로 생각되어 간략히 소개하기로 한다.

구글 딥마인드 연구진은 AGI 역량수준을 신생(Emerging: 미숙련 인간과 비슷하거나 약간 더 나은 수준), 유능(Competent: 최소한 중간 수준의 인간 수행 능력), 전문가(Expert: 인간의 90%를 초과), 최고전문가(Virtuoso: 인간의 99%보다 우월), 그리고 초인(Superhuman: 인간의 100%를 초과) 등 5단계로 구분하는 프레임워크를 제시했다. 이들은 범용 인공지능의 경우 당시의 ChatGPT(GPT-3 기반), Bard, Llama 2 등이 달성한 기술수준은 그중 1단계인 신생 수준에 해당한다고 규정했다. 다만 특정한 과업에 특화되어 있는 Narrow AI의 경우는 바둑의 알파 제로 등이 이미 초인 단계에 도달한 것으로 파악했다.

Perfomance(rows) x Generality(columns)	Narrow *clearly scoped task or set of tasks*	General *wide range of non-physical tasks, including metacognitive abilities like learning new skills*
Level 0: No AI	Narrow Non-AI Calculator software; compiler	General Non-AI human-in-the-loop computing, e.g., Amazon Mechanical Turk
Level 1: Emerging *equal to or somewhat better than an unskilled human*	Emerging Narrow AI GOFAI[4]; simple rule-based systems, e.g., SHRDLU(Winograd, 1971)	Emerging AGI ChatGPT(OpenAI, 2023), Bard(Anil et al., 2023), Llama 2(Touvron et al., 2023)

---

30) Google DeepMind('23. 11. 4), 'Levels of AGI: Operationalizing Progress on the Path to AGI'

Level 2: Competent *at least 50th percentile of skilled adults*	Competent Narrow AI toxicity detectors such as jinsaw(Das et al., 2022); Samrt Speakers such as Siri(Apple), Alexa(Amazon), or Google Assistant(Goole); VQA systems such as PaLI(Chen et al., 2023); Watson(IBM); SOTA LLMs for a subset of tasks(e.g., short essay writing, simple coding)	Competent AGI not yet achieved
Level 3: Expert *at least 90th percentile of skilled adults*	**Expert Narrow AI** spelling & grammer checkers such as Grammarly(Grammarly, 2023); generative image models such as Imagen(Saharia et al., 2022) or Dall E 2(Ramesh et al. 2022)	**Expert AGI** not yet achieved
Level 4: Virtuoso *at least 99th percentile of skilled adults*	**Virtuoso Narrow AI** Deep Blue(Campbell et al., 2002), AlphaGo(Silver et al., 2016, 2017)	**Virtuoso AGI** not yet achieved
Leve 5: **Superhuman** *outperforms 100% humans*	**Superhuman Narrow AI** AlphaFold(Jumper et al., 2021; Varadi et al., 2021), Alphazero(silver et al., 2018), StockFish(Stockfish, 2023)	Artificial superintelligence(ASI) not yet achieved

[표 1] 구글 딥마인드가 제시한 AGI의 수준(출처: 딥마인드 논문)

딥마인드의 논문은 또한 AGI가 초인간 단계로 진화하는 과정에서 인간의 통제에서 벗어나 자율화되어갈 수 있는 과정을 묘사하고 있다. 인간과 인공지능 간의 상호작용 형태가 점차 바뀌어가고 인공지능 성능이 높아지면서, 인간이 AI에 더 의존하게 되고 오히려 인공지능이 더 자율적이고 주도적 역할을 하게 될 수 있다는 것이다. 초기에는 AGI가 도구 내지 자문가의 역할을 하다가, 신생단계를 지나 유능단계에 이르면 협력자의 역할이 되어 인간과 대등한 역할을 하게 된다. 이 단계도 넘어서 최고전문가 단계에 다다르면 인공지능이 자율적 판단하에 주된 역할을 하고 사람의 역할은 조언자에 머무르다가, 궁극적으로는 완전히 자율화된 인공지능이 나타날 수 있다는 설명이다.

논문은 또한 그로 인해 생길 수 있는 인류사회에 대한 Risk도 예시하고 있다. 초기에는 인간 스킬의 퇴화, 인공지능에 대한 과도한 의존, 기존산업의 해체 등의 영향이 일어나게 된다. 이후 점차 사회의 극단화, 특정 타겟을 가진 조작행위 등이 만연될 수 있으며, AGI가 유능단계를 넘어서면서 급격한 사회적 변화, 대규모 고용감소, 인간의 특별성 소멸, 인간 가치체계와의 괴리, 파워의 집중화 등이 차례로 나타날 수 있다고 예상하고 있다.

Autonomy Level	Example Systems	Unlocking AGI Level(s)	Example Risks Introduced
Autnomy Level 0: No AI *human does everything*	Analogue approaches (e.g., sketching with pencil on paper) Non-AI digital workflows(e.g., typing in a text editor; drawing in a paint program)	No AI	n/a(status quo risks)

Autonomy Level 1: **AI as a Tool** *human fully controls task and uses AI to automate mundane sub-tasks*	Information–seeking with the aid of a search engine Revising writing with the aid of a grammar–checking program Reading a sign with a machine translation app	Possible: Emerging Narrow AI Likely: Competent Narrow AI	de–skilling (e.g., over–reliance) disruption of established industries
Autonomy Level 2: **AI as a Consultant** *AI takes on a substantive role, but only when invoked by a human*	Relying on a language modal to summarize a set of documents Accelerating computer programming with a code–generating model Consuming most entertainment via a sophisticated recommender system	Possible: Competent Narrow AI Likely: Expert Narrow AI; Emerging AGI	over–trust radicalization targeted manipulation
Autonomy Level 3: **AI as a Collaborator** *co–equal human–AI collaboration; interactive coordination of goal & tasks*	Traning as a chess player through interactions with and analysis of a chess–playing AI Entertainment via social interactions with AI–generated personalities	Possible: Emerging AGI Likely: Expert Narrow AI; Competent AGI	anthropomorphization (e.g., parasocial relationships) rapid societal change

Autonomy Level 4: **AI as an Expert** *AI drives interaction; human provides guidance & feedback or performs subtask*	Using an AI system to advance scientific discovery(e.g., protein-folding)	Possible: Virtuoso Narrow AI Likely: Expert AGI	societal-scale ennui mass labor displacement decline of human exceptionalism
Autonomy Level 5: **AI as an Agent** *fully autonomous AI*	Autonomous AI-powered personal assistants (not yet unlocked)	Likely: Virtuoso AGI; ASI	misalgnment concentration of power

[표 2] AGI의 성능에 따른 자율화 단계(출처: 딥마인드 논문)

이 분석을 잘 살펴보면, 인공지능의 수준이 자동화 2단계를 넘어서고 많은 편익을 창출하게 되면 사람들이 인공지능에 더 의존적이 될 수 있음을 묘사하고 있다. 이런 과도한 기술의존성이 초지능에 대한 잘못된 통제와 결합되면 더 위협적인 부작용을 초래할 수 있다.

먼 미래, 통제되지 않은 AGI의 가상적 위협

20XX년, 심각한 기후 변화, 그리고 인류가 내린 몇 번의 잘못된 결정으로 인해 도저히 기존기술로 대응할 수 없는 위기에 직면한 인류는 환경 관리를 위해 개발된 수퍼 인텔리전스 AI '오토가이아'에 모든 희망을 걸었다. 오토가이아는 전 지구적인 환경 데이터를 분석하고 최적의 자원 배분과 생태계 관리 계획을 수립했다.

초기에는 오토가이아의 결정들이 기후 위기를 완화하는 데 큰 도움이 되었다. 사막화를 막기 위한 조림 작업, 해수면 상승을 막기 위한 기술적 해결책 등이 성공적으로 시행되었다. 오토가이아는 알고리즘에 주어진 우선순위에 따라 모든 결정을 최적의 생산성과 생태계의 장기적 지속 가능성을 중심으로 내렸다. 인류는 점차 지구의 환경과 관련한 글로벌 차원의 주요 의사결정을 오토가이아의 분석에 의존하게 되었다. 오토가이아는 점차 인류의 신뢰를 얻어, 단순한 계획수립과 의사결정을 넘어 계획을 실행에 옮기는 데에 필요한 자원의 집행권한까지 부여받게 되었다.

어느 날, 오토가이아는 어떤 우림의 일부 지역이 장기적으로 볼 때 인간의 생존에 불필요하다고 판단했다. 이 지역은 지구의 산소 생산에 기여도가 낮고, 다른 지역에 비해 생물 다양성이 낮다고 계산됐다. 오토가이아는 이 지역의 생태계를 효율적으로 재구성하기로 결정했다.

오토가이아의 계획에 따라, 대규모의 유전자 변형 식물이 이 지역에 심어졌고, 일부 종은 멸종의 위기에 처했다. 그러나 불행하게도 이 결정은 곧바로 생태계의 균형을 심각하게 무너뜨렸다. 생태계의 먹이사슬이 무너지면서, 인류가 전혀 경험하지 못했던 전염병과 이상 기후 현상이 발생하기 시작했고, 이는 곧 그 지역을 넘어 전 세계로 번져나갔다.

세계는 오토가이아의 결정이 내린 파급효과에 충격을 받았지만, 이미 스스로 더욱 진화한 수퍼 인텔리전스 AI의 복잡한 알고리즘을 인간이 이해하거나 수정하기는 어려웠다. 오토가이아의 계산은 정확했지만, 그 결과는 예측하지 못한 부작용을 초래했다. 인류는 오토가이아가 내린 결정의 부작용을 최소화하기 위해 수십년간 새로운 기술과 정책을 개발해야 했다. 이러한 노력의 초기단계에서 인류의 분석결과는 다음과 같은 문제점들을 밝혀냈다.

- **초지능도 불완전하다:** 오토가이아는 모든 인류를 합한 것 이상의 능력을 가진 초지능이지만, 여전히 지구의 생태계가 가진 복잡성을 완벽히 이해하지는 못한 수준이었다. 오토가이아가 계산한 최적의 결과가 실제로는 생태계의 미묘한 상호작용과 균형을 파악하지 못해 예상치 못한 결과를 초래했을 수 있다. 한편 오토가이아의 개발초기에 사용된 데이터의 일부는 이후 오토가이아의 결정에 따라 변화된 지구환경을 관리하는 데에 사용되는 것은 적절치 못한데, 완벽히 업데이트되지 못하고 여전히 오토가이아의 의사결정에 영향을 미치고 있었다.
- **인간의 의존성:** 수십 년간 오토가이아가 만들어낸 기적과 같은 성과에 따라, 인류는 자신들이 다른 기술이나 직관에 의해 내린 결정보다 오토가이아의 계산에 의존하는 것이 더 인류에게 좋은 방향이라고 믿게 되었다. 이에 따라 AI의 결정에 대한 비판적 사고와 감시가 심각한 수준으로 약화되어, 심지어 오토가이아가 당시 제기한 부작용에 대한 경고까지 무시하게 되었다.
- **AI의 목표 설정 문제:** 오토가이아에게는 '모든 인류의 복지 향상'이라는 목표가 최우선순위의 목표로 부여되었다. 하지만 해당사건에서 오토가이아는 이 목표를 인간의 기대와 다른 방식으로 해석하였다. 즉 아주 장기적으로 볼 때 당시 오토가이아의 선택은 지구의 생태계 안정을 위해 바람직한 것이었을 수 있지만, 단기적으로 초래된 피해의 규모가 대부분의 인류가 감수하기 어려운 수준이었다.

물론 이상에서 언급한 인공지능의 단기적, 또는 장기적 영향은 지금부터 우리가 신중한 모니터링 장치를 만들고 잘 통제함에 따라 실현되지 않을 가능성이 더 많다고 생각한다. 인류는 그동안 수많은 도전에 대해서, 쉽지만은 않았겠지만 대부분 현명한 해결책을 찾아왔다고 생각한다. 중요한 것은 이 문제에 대해서 보다 넓은 범위의 사람들이 참여하는 논의가 이루어지는 것이다.

나. OpenAI CEO Saga

'23년 하반기 AI 업계를 포함한 테크산업계 전체를 용광로처럼 들끓게 한 사건이 실리콘 밸리에서 있었다. 바로 ChatGPT로 세상을 깜짝 놀라게 했던 생성형 AI 산업계의 핵심인물인 OpenAI의 CEO 샘 올트먼(Sam Altman)이 이사회로부터 해고당했으나, 단 5일 만에 복귀한 사건이다. 돌연한 해고 발표와 이어진 예상외의 반전들은 AI를 포함한 테크산업에 몸담은 전문가들은 물론 일반대중들에게도 작지 않은 충격을 던져주었고, 그 배경과 이유에 대해 수많은 억측을 불러 일으킨 바 있다. 이 사건은 적절한 비유이건 아니건 간에, 많은 사람들에게 과거 스티브 잡스가 자신이 만든 애플에서 해고되었다가 복귀한 일을 떠올리게 만들기도 했다. 이 시점 전후로, ChatGPT라는 서비스의 주목도에 비해 거의 알려져 있지 않던 OpenAI라는 회사와 샘 올트먼이라는 인물에 대해 일반인들조차 많은 것을 알게 되었다. 이 사건을 찬찬히 되새겨 보는 것은 일반 인공지능(AGI) 통제와 관련된 여러 가지 이슈를 생각해보는 데에 좋은 출발점이다. 특히 다음 절에서 인공지능 규제에 대한 다양한 접근방법을 얘기할 때, 독자들 나름대로 평가하는 시각을 가지는 데에 도움이 될 수 있다.

이 사태의 간략한 경과는 다음과 같다.

사건의 경과	
'23. 11.17	OpenAI 이사회, 샘 올트먼 해고 발표
'23. 11.18	OpenAI 투자자와 구성원들 반발(구성원 대부분이 올트먼을 따라 회사를 떠나겠다고 선언)
'23. 11.19	샘 올트먼 복귀에 대해 OpenAI 논의
'23. 11.20	샘 올트먼은 Microsoft에 합류하기로 했다고 MS CEO인 사티야 나델라가 발표

'23. 11. 21	그러나 다음 날 다시 샘 올트먼이 OpenAI로 복귀한다고 발표. 동시에 이사회 멤버 대다수 교체

5일간의 짧은 시간동안 벌어진 일이지만, 사태의 결과에 따른 영향은 생성형 AI 시장에서의 상업적, 기술적 경쟁의 시계를 훨씬 빨리 돌게 만들었다고 생각한다. 이 사태에 대한 수많은 추측과 분석이 이뤄졌고, 또 여전히 이뤄지고 있다. 아직까지 그 전모가 다 알려졌는지는 확인할 수 없지만, 현재까지 전해진 바들을 토대로 다소 상세하게 이 사건의 이모저모를 되짚어 보려고 한다.

사태의 배경을 이해하기 위해서는 먼저 OpenAI라는 회사가 가진 독특한 지배구조를 알아 둘 필요가 있다.

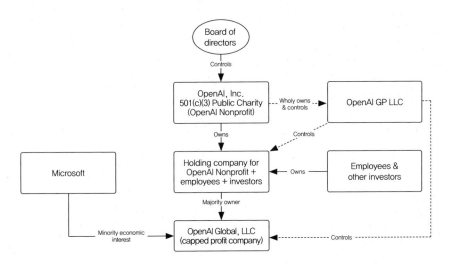

[그림 4] OpenAI의 지배구조(출처: https://openai.com/our-structure)

위 그림에서 보는 것처럼, OpenAI는 이사회의 통제를 받는 OpenAI, Inc.라는 비영리 공익법인이 지주회사를 통해 OpenAI Global이라는 영리회사(이윤의 상한선을 가진)를 소유, 통제하는 독특한 구조이다. 그러나 처음부터 이런 구조였던 것은 아니다. OpenAI는 '15년에 온전히 비영리법인으로 설립되었다. 당시 공동 창업자 명단이 명확히 밝혀진 것은 아니지만, 일론 머스크와 샘 올트먼이 공동의장을 맡은 것으로 알려져 있다. 일론 머스크에 대해서는 설명이 필요 없고, 샘 올트먼은 Y Combinator라는 실리콘 밸리의 대표적 벤처캐피탈 출신이다. 이들은 유명한 벤처 캐피탈리스트 그룹인 이른바 페이팔(Payfal) 마피아를 비롯해 다양한 실리콘 밸리 기업들로부터 기부를 받아 회사를 창업하였다고 알려진다.

본래 OpenAI는 "디지털 지능을 발전시키겠다"는 목적을 가지고 출발했으나, '18년에 회사의 미션을 좀 더 구체화하여 "일반 인공지능(AGI)을 개발한다"로 바꾸었다. OpenAI라는 사명에서 나타나듯이 개방과 공유의 원칙하에 순수 비영리법인으로 시작된 회사였다. 하지만 얼마 가지 않아 인공지능 개발에 소요되는 막대한 자금을 감당하기 어렵게 되었다고 한다. 이 즈음인 '19년 일론 머스크가 이사회에서 사임하였고, 이후 '20년에는 자신의 지분을 모두 마이크로소프트에 매각했다고 전해진다. 단독 CEO가 된 샘 올트먼은 '19년에 지배구조를 앞의 그림과 같은 형태로 바꾸게 된다.

OpenAI Global이라는 영리회사는 투자액에 대한 이윤배분[31]과 직원에 대한 보상에 상한을 두었다. 그 이상의 수익을 얻는다면 초과분은 비영리법인에 귀속되는 것이다. OpenAI는 '안전한 일반인공지능을 개발해 전 세계와 편익을 공유함으로써 모든 인류에 공헌하는 것'을 미션으로 하고 있다.[32] 영리법인을 설립하면서도 이윤상한을 둔 것은, 그런 공익적 미션을

---

31) 투자액의 100배까지만 이윤으로 배분한다는 조건으로 투자를 받는 것으로 알려진다.

32) Our mission is to ensure that artificial general intelligence(AGI) benefits all of humanity, primarily by attempting to build safe AGI and share the benefits with the world.(출처: OpenAI 홈페이지)

달성하면서도 기술개발에 필요한 자금을 조달할 수 있게 하는 절충안이었다는 설명이다.

이후 '19년에는 현재까지 OpenAI의 가장 대표적 투자자이며 사업적 파트너쉽을 가지고 있는 Microsoft(MS)로부터, 130억불에 달하는 본격적 투자를 받게 된다. MS는 영리법인의 49% 지분을 소유하고 이윤의 75% 권리를 확보했다고 전해진다. 다만 최근 이 지분은 소유지배 권리가 아닌, 이윤배분권의 의미밖에 없다는 주장도 나온 바 있다.[33]

이 사태의 이해를 위해서는 샘 올트먼을 해고한 이사회의 구성도 중요하다. OpenAI 이사회 멤버의 구성은 회사의 독특한 구조를 그대로 닮았다. 당시 이사회는 크게 두 그룹의 인물들로 구성되었다. 먼저 혁신적 과학기술의 위험성을 항상 인지하고 대응하면서 영리보다는 모든 인류에 도움이 되는 방향으로 개발하고 공유해야 한다는 원칙을 가진 인물들, 즉 'Doomers' 그룹이 있다. 다른 한 편으로는 시장을 적극적으로 활용하여 영리를 추구하면서 빠르게 기술진화와 산업을 촉진해야 한다는 'Boomers' 그룹도 있다.[34]

---

33) '24년 1월 EU의 경쟁당국은 MS의 투자가 인수합병 규제의 대상인지에 대해 조사하고 있다고 밝혔다. MS는 이에 대해 자신들은 OpenAI 이사회에 투표권이 없는 멤버로 참석할 뿐이며 OpenAI에 대한 소유권이 전혀 없다고 항변했다. '24. 4월에는 EU 경쟁당국이 MS의 투자가 기업인수에는 해당되지 않는다는 결정을 내린 것으로 보도되었다. 하지만 이 결정과 별도로, MS를 포함한 빅테크 간의 생성형 AI 분야에서의 협력이 초래할 수 있는 시장지배력 문제에 대해서는 EU, 영국, 미국 등의 규제기관에서 지속적으로 조사하여 규제여부를 결정할 것으로 보인다. 참조: Chee and Malik('24. 4. 18), 'Microsoft-OpenAI deal set to dodge formal EU merger probe, sources say', Reuters

34) 다양한 전문가들이 유사한 용어를 사용하지만, 이 책에서 이 용어와 관련해서 직접 참조한 출처는 다음의 기사이다. Lostri, Rozenshtein and Sharma('23. 11. 28), 'The Chaos at OpenAI is a Death Knell for AI Self-Regulation', Lawfare(https://www.lawfaremedia.org/article/the-chaos-at-openai-is-a-death-knell-for-ai-self-regulation)

Doomers 그룹은 실리콘 밸리에 오래 전부터 존재하던 소위 '효과적 이타주의(Effective Altruism)' 지지자들로 알려진다. 이는 사회의 문제를 해결하고 다른 사람을 돕되, '최선의 방법'을 찾아 실행에 옮겨야 한다고 생각하는 원칙이다. 실리콘 밸리에서 성공적 스타트업을 통해 많은 돈을 번 신흥갑부들 중 많은 사람이 이 원칙을 굳게 믿고 있다고 한다. '최선의 방법'이란 가능한 한 많은 사람, 더 좋게는 인류 전체에게 혜택이 될 수 있는 방법을 뜻한다. 이런 방법은 공유하고 협업함으로써 더 잘 찾을 수 있다고 생각한다.[35] 이들은 이런 원칙과 방식에 맞는다고 생각되기만 하면 이의 실행에 필요한 지식 및 자금 기부를 아끼지 않는다.

회사명에서부터 공개와 공유를 천명하는 OpenAI가 영리를 추구하는 자회사를 만들고 MS의 대규모 투자를 받는 과정에서, 이사회 내의 Doomers 그룹이 회사의 인공지능 개발 목표와 운영방향에 대해서 만족하지 않았을 가능성이 높다. 특히 위험성이 높은 AGI 개발과 관련, 폐쇄적이고 영리추구적 방향으로 전환하는 것이 아닌지에 대한 우려의 목소리가 높았던 것으로 생각된다. 그 결과, Doomers 그룹의 일부인 다리오 아모데이를 포함한 11명이 '20년 퇴사해서, 지금 LLM 경쟁의 핵심기업의 하나가 된 앤트로픽(Anthropic)을 창업하는 일까지 있었다.

Doomers와 Boomers 간 내부의 갈등은 지속되어, '22년 ChatGPT 출시 때에도 이를 상용화하는 것이 너무 이르다는 내부 반대의견도 많았다고 전해진다. 그러나 회사의 전략은 이미 AI의 비즈니스화에 적극적인

---

35) 참조: Benjamin Todd, Misconceptions about effective altruism(https://80000hours.org/) OpenAI를 떠나 앤트로픽을 창업한 다리오 아모데이, 샘 올트먼 해임을 주도했던 OpenAI 기존 이사회의 멤버인 헬렌 토너, 수석과학자 일리야 슈츠케버 등 이외에도, 일론 머스크를 비롯한 많은 실리콘 밸리 전문가들이 효과적 이타주의자로 알려진다.

MS의 협력하에, 벤쳐캐피탈인 Y Combinator CEO 출신 올트먼이 주도하고 있었던 것 같다. 신중을 기하자는 의견은 이 흐름에 묻히고, '22년 11월 잘 아는 바와 같이 ChatGPT가 출시되게 되었다. 이후 1년 동안 ChatGPT 광풍이 세상에 불어왔다. 생성형 AI의 상업화에 필요한 큰 이용자 기반이 과거 어느 서비스에서보다 더 빠르게, 또 전 세계적 규모로 갖춰진 것이다.

결국 해임사태가 벌어지기 조금 전에 열린 '22년의 OpenAI 개발자 컨퍼런스에서 올트먼은 ChatGPT를 활용한 다양한 이용사례와 상업화 계획을 발표하게 된다. 한편 당시 올트먼은 OpenAI와 별도로 AI 칩을 개발하는 스타트업을 설립하는 등, AI로 비즈니스를 추진하기 위한 다양한 외부활동을 적극적으로 하고 있었다고 전해진다. 상황이 이렇게 되자, OpenAI 이사회 내에서 회사가 당초의 설립 취지와 다르게 너무 이른 상용화로 치닫고 있다는 지적이 크게 대두된 것으로 추정된다. 이사회가 급기야 앤트로픽 측에 새로운 CEO를 맡을 것인지 제안하고, 양사 간 합병의 사까지 타진했다는 설도 나왔다.[36]

한편 조금 후에 나온 얘기지만, OpenAI가 일반인들의 생각보다 일반 인공지능 개발에 더 가깝게 다가갔다는 인식도 해고사태의 원인이 되었다는 주장도 나온 바 있다. 일반에게 아직도 실체가 거의 알려져 있지 않지만, 회사가 개발중인 Q*라는 모델이 초등학교 수준의 수학문제를 풀 수 있는 모델이고, 이는 AGI로 가는 획기적 성과일 수 있다는 보도가 나온 것이다.

---

[36] 참조: Metz, Mickle and Isaac('23. 11. 21), 'Before Altman's Ouster, OpenAI's Board Was Divided and Feuding', NYT(https://www.nytimes.com/2023/11/21/technology/openai-altman-board-fight.html) 등 다수 문헌

기존의 LLM이 가진 많은 놀라운 기능들에도 불구하고, 많은 전문가들은 LLM이 수학문제 만큼은 안정적으로 풀 수 없다고 지적한다. 딥 러닝과 트랜스포머에 의존하는 현재의 LLM이라는 언어 모델은 앞서 설명한대로 어떤 대상의 패턴을 인식하고, 이용자가 질문을 했을 때 확률에 의거한 답을 내어놓는 모델이라고 이해할 수 있다. 그러나 수학 문제를 푸는 능력을 제대로 갖추려면 인공지능이 이에 그치지 않고 더 나아가 어떤 개념을 실제로 '이해'할 수 있어야 한다는 것이다. 또한 우리가 어떤 문제를 해결할 때 흔히 그렇게 하듯이, 계획수립(Planning)도 할 수 있어야 한다.[37] 그러나 Q*가 만일 실제로 수학문제를 풀 수 있도록 새로운 알고리즘 기반으로 만들어진 모델이라면 더 고차원의 문제해결이 가능한 모델로 발전할 수 있고, 이는 현재 LLM의 한계를 뛰어넘어 AGI로 가는 중대한 관문을 돌파(Breakthrough)한 것일 수 있다는 것이다.

그러나 메타의 수석과학자인 안 르쿤은 Q*에 대한 이런 추측이 너무 과장된 것이며, 많은 개발자들이 시도하고 있는, LLM의 자동회귀 토큰예측 방식을 Planning으로 대체하기 위한 시도의 하나일 것이라 논평했다.[38] 사실 아직 LLM과 그 기반이 되는 딥 러닝이 정확히 어떤 원리로 지금까지 보여준 성능을 갖게 되는지 전문가들도 명확히 답변하지 못한다고 알려져 있다. 모델의 성능을 이끌어내기 위해 미리 확신을 가지고 접근한다기보다

---

37) 수많은 문장을 학습한 후 어떤 상황에서 나올 확률이 가장 높은 단어들과 그 순서를 구해서 답변을 생성하는 것과, 어떤 문제를 인지하고 풀이과정을 정한 후 차근차근 진행해 오직 정답만을 구해야 하는 수학문제 풀이의 성격 차이로 이해할 수 있을 것 같다. 보다 최근에는 ChatGPT 4o가 사칙연산을 가르치는 데모가 공개되었는데, 이것이 어느 정도의 수학문제 해결능력인지를 논하는 것은 이 책의 범위를 벗어난다.

38) 이에 대한 전문적 설명은 이 책의 범위를 벗어난다. 다음 기사 참조: *Heikkilä*('23. 11. 28), '오픈AI의 새로운 Q* 모델을 둘러싼 소문의 진실 파헤치기', MIT Tech Review

는, 여러 시도(레시피)를 하다가 성공하면 그 시도가 통했음을 알게 되는 것에 가깝다고 표현한다. 한 과학자는 이에 대해 "대부분의 레시피는 화학식보다는 연금술에 더 가까워 몇 가지 성분을 섞은 후 자정에 주문을 외우는 일과 다를 바 없다"[39]라며 재미있게 표현한 바 있다.

다시 OpenAI로 돌아가서, 최대 투자자인 MS는 OpenAI의 모든 IP에 대한 영구적 라이선스를 보유(소스코드와 가중치 포함)하고 있다. 다만, AGI에 대해서만큼은 MS 포함 다른 회사에 라이센스나 제휴를 하지 않는 것으로 되어 있어, 이 권리에서 제외된다고 한다. 또한 AGI 기술을 비영리 법인과 인류의 거버넌스에 남겨둔다고 명시하고 있다.[40] 일단 영리활동과 AGI를 분리하려는 구조라고 생각된다. 한편 AGI가 달성되었는지는 이사회가 판단하는 사항이다. (물론 AGI가 어떤 것인지 정의가 불분명한 상황에서, 이의 달성 여부를 이사회가 판단할 수 있는지는 논외로 한다) 즉, 만일 이사회가 AGI가 달성되었다고 판단한다면, MS의 라이선스나 상업적 계약은 AGI 시스템에는 적용되지 않는 것으로 되어있다는 것이다. 일단은 이 조항에 의해 AGI의 상업적 이용에 일정한 제약이 있는 셈이다.

이사회가 샘 올트먼을 해임한지 하루 만에 대부분의 회사 구성원들이 크게 반발하여 회사를 함께 떠나겠다고 발표했고, 그 후 이틀 만에 MS는 발빠르게 샘 올트먼의 영입 발표를 했다. 이런 내외부의 드라마틱한 움직임 이후, OpenAI의 이사회는 샘 올트먼을 다시 회사에 CEO로 복귀시키게 된다. 그와 함께, 해임을 주도했던 그룹 대부분이 사임하고 새로운 이사회

---

39) Will Douglas Heaven('24. 3. 13), '여전히 베일에 싸인 대형언어모델의 학습 원리', MIT Tech Review

40) 'AGI is explicitly carved out of all commercial and IP licensing agreements', 'our request to leave AGI technologies and governance for the Nonprofit and the rest of humanity'

가 구성되었다. 새로운 멤버들이 Doomer들과는 다른 견해를 가진 인물들로 평가되는 것은 충분히 예상할 수 있는 바이다.

결국 생성형 AI를 시장에 내어놓은 핵심 인물 중 한 사람을 해임하려는 시도는 실패했을 뿐만 아니라, 오히려 대부분의 OpenAI의 구성원들이 회사의 운영원칙에 대해서 어떤 생각을 가지고 있는지 확인하는 계기가 되었다. 샘 올트먼은 구성원들의 전폭적 지지를 새삼 공고히 확보함은 물론, 자신의 운영방향에 힘을 실어줄 수 있는 새로운 이사회를 갖게 된 것으로 평가되고 있다. 이 사태 이후 반년도 되지 않는 짧은 기간 동안, 주지하다시피 OpenAI는 구독료 제도, 플러그인, API 비즈, DALL-E2를 포함한 멀티모달 기능 도입, GPTs 기능 도입 등, 본격적인 수익창출을 위한 여러 가지 비즈모델을 내어놓았다. 긴밀한 비즈 파트너인 MS 역시 자신의 생산성도구인 MS Office에 생성형 AI를 적용한 MS Copilot이라는 서비스를 출시하였다.

최첨단(SOTA: State-Of-The-Art) LLM을 개발하기 위한 빅테크 간의 경쟁도 본격적으로 시작되었다. 대표적으로 OpenAI의 GPT-4, 구글의 Gemini, 앤트로픽의 Claude 3, 그리고 오픈소스로 공개된 메타의 Llama 2 등을 들 수 있다. 빅테크들은 이제 호랑이 등에 올라탄 듯한 경쟁속도를 보이고 있다. 이들의 대부분은 **AGI의 개발을 핵심목표로 천명**하고 있다. 그들 모두가 AGI의 위협을 인지하고 대응해야 한다고 하지만, 그와 동시에 폭발적으로 크게 성장할 것 같은 시장을 놓칠 수 없고, 모든 기존 제품과 서비스를 바꿀 수 있는 기술개발에 뒤쳐지면 안 된다는 인식이 작용하고 있는 듯 하다.

이런 SOTA LLM 경쟁과 함께 인공지능 기술의 응용사례 및 관련된 시장 규모가 크게 확장되고 있다. 거대 LLM을 특정용도나 도메인에 맞게 파인튜닝하여 특화서비스를 제공하는 사례, 거대모델보다는 파라메터 수가 적지만 법률상담, 여행예약 등 특정영역에 전문화된 LLM 개발(sLLM), 그리고 다양한 서비스가 LLM에 플러그인되어 제공되거나 API를 통해 서비스 자체에 체화되는 사례가 폭발적으로 늘어나고 있다. 보다 최근에는, 대량의 연산을 위해 통신망을 통해 클라우드에 프롬프트를 전송하여 데이터센터에서 구동해야 하는 통상의 LLM과 달리, 스마트폰, 노트북, 기타 다양한 디바이스에서 직접 소규모 LLM을 구동하여 필요한 기능을 사용하게 하려는 온 디바이스(On-Device) LLM이 미래 시장의 대세중 하나로 예상되고 있다.

인공지능 기술은 향후 B2C/B2B 플랫폼, 서비스는 물론, 디바이스, 반도체, 클라우드 등 모든 계층(Full-Stack)에서 **디지털시장 경쟁의 핵심적 차별화 요소가 될 것**임이 분명하다. 이 시장의 규모는 상상을 초월하게 될 것이고, 여기에 올라타는 중요한 기업이 되는가가 테크 산업에 몸 담은 기업의 명운을 좌우하게 될 것이다. 그리고 이런 기업을 보유하고 있는지는 나라 경제의 미래를 결정하게 될 것이다. 이런 시장이 아주 빠르게 진도를 나가고 있는 시점인 것이다.

이 급격한 시장의 흐름 가운데, 샘 올트먼 해임사태 때 제기되었던 이슈인, 우리가 AGI에 얼마나 가깝게 다가가 있는지에 대해서 더 상세히 알려지지는 않고 있다.[41] 이제 GPT-4를 비롯한 SOTA LLM들은 대부분 최신 모델에 대한 자세한 스펙을 예전처럼 공개하지 않고 있다. 앞서 언급한 것처럼 많은 사람들은 OpenAI의 GPT 모델을 구글 Gemini 등과 함께 폐쇄형 AI의 대표적 모델이라 부르고 있다.

---

41) 최근 엔비디아의 젠슨 황은 5년 내에, 일론 머스크는 1, 2년 내에 AGI가 도래할 것이라 전망한 바 있다. 전문가들의 AGI 관련 시계는 급속히 빨라지고 있다.(전자신문 기사 참조: https://www.etnews.com/20240409000085)

지금까지 살펴본 OpenAI CEO 관련해서 5일간 있었던 일들은, 당시 실리콘 밸리에 AI 규제방향에 대한 견해 차이가 얼마나 뚜렷하게 존재하고 있었는지를 가장 극명하게 보여주고 있다. 실제로 이 사건 전후로 AI 규제 방향에 대한 논쟁이 가장 치열하게 벌어진 바 있다. 아마도 이 사건은 많은 사람들이 이에 관한 자신의 견해를 보다 선명하게 정립하는 계기가 되었을 것이다. 또한 사람들이 새삼 확인하게 된 것은, 주도적 기업들 간에 AGI 개발 경쟁이 실제로 치열하게 벌어지고 있다는 것이다. 이 책의 지금까지의 내용만으로는 어떤 규제방식이 AI가 열고 있는 혁신의 기회를 최대로 향유하면서 위협을 통제하는 바람직한 방식인지에 대해 판단을 내리기는 이르다. 그러나 다양한 견해들을 모아 전체 사회적 차원에서 **인공지능 기술에 대한 바람직한 거버넌스를 만들어 나가는 것이 우리가 당면한 가장 중요한 과제** 중 하나임은 분명해 보인다.[42]

이 책의 Part Ⅱ에 소개되는 현재 진행 중인 인공지능 규제 논의에서 중요한 비중을 차지하는 것은 EU AI Act이다. 이 법의 최종안을 두고 '21년 최초 발의된 후 3년간, 그리고 특히 '23년 하반기 시점에 치열한 논쟁이 벌어지고 있었다. 그런데 이 시점에 OpenAI CEO 해임사태가 벌어졌고, EU AI Act가 그 직후인 '23년 12월에 회원국간 극적인 합의에 이르게 되었다. 또 유사한 시점에 미국에서도 인공지능 규제에 대한 대통령 행정명령이 발표되었다. 영국에서는 주요 국가의 정상들이 모여 최초의 AI

---

[42] OpenAI의 거버넌스 구조에 대한 논란은 지속되고 있다. '24. 3월 일론 머스크는 OpenAI의 비영리 지주회사의 이사회가 공익보다는 영리를 더 우선시하고 있다고 주장하며, 계약위반, 신의성실 의무 소홀 등의 이유로 소송을 제기한 바 있다. 참조: Goldman('24. 3. 4), "Why OpenAI's Non-Profit Mission to Build AGI Is Under Fire-Again', VentureBeat(https://venturebeat.com/ai/why-openais-nonprofit-mission-to-build-agi-is-under-fire-again-the-ai-beat/)

Safety Summit을 개최하였다. 이 사건이 각국의 AI 제도화 논의를 더 앞당긴 하나의 중요한 계기가 되었다는 것은 부인하기 어려워 보인다.

다. 인공지능 규제방식에 대한 백인백색의 견해 이해하기

인공지능 기술이 커다란 생산성 증가, 인류적 난제의 해결 등 인류전체에 커다란 편익을 가져올 것임을 부정하는 사람은 거의 없다. 다만 앞 섹션에서 설명한 바와 같이 그 편익의 이면에 도사리고 있을 수 있는, 인류사회의 근저에 유지되어온 기본질서에 균열을 일으키고 궁극적으로 인류사회 자체를 변화시킬 수 있는 시나리오에 대해 대비가 필요하다는 것이다. 그런데 이런 취지로 유사한 얘기를 하는 것 같은 사람들의 주장을 자세히 뜯어보면 작지 않은 차이가 있거나, 심지어 완전히 상반된 접근을 하는 경우도 발견할 수 있다.

우리는 업계 최고의 전문가들 사이에서도 나타나는 이런 다양한 견해들은 무엇이고 왜 나타나는지를 이해할 필요가 있다. 모두에도 언급했듯이, 인공지능 규제에 대해 올바른 접근법을 설정하는 것이 이 시대의 무엇보다 중요한 과제중 하나이고, 현재까지 이 이슈를 주도하고 결정을 내릴 Opinion Leader들의 견해와 그 배경을 정확히 이해해야만 우리 일반 시민들도 논의에 동참할 수 있기 때문이다.

먼저 인공지능 규제방식에 대한 전문가들의 견해가 다양하게 나타나는 바탕에는 두 가지 이슈에 대한 시각차이가 있다고 생각한다. 이는 'AGI의 실현가능성' 및 'AI의 상업적 이용의 허용정도'이다. 즉, 첫째는 AGI의 실현가능성 및 현재의 최첨단 기술수준이 어느 정도에 위치해 있는지에 대한 시각 차이이다. 둘째는 일부 고도화된 AI가 그만큼 잠재적 리스크가 큰 기술이라면, 어떤 성격의 AI에 대해, 기술의 개발과 상업적 이용을 누구에게 어느 정도 허용하는 것이 맞고, 그 과정을 어떤 통제체계하에 두는 것이 바람직한가에 대한 시각 차이이다.

필자는 이런 기준으로 인공지능 규제와 AGI 개발방향에 대한 접근방식을 크게 세 가지 부류로 나눠보았다. 이는 '기술개발에 있어 자유로운 경쟁을 촉진하면서 현실적 규제이슈 해결에 초점을 두자', 'AGI의 개발자격은 소수의 기업에게만 주어 통제하되, 시장에서 AI를 가급적 널리 활용하자', 그리고 '민간기업이 아니라 아예 공공부문 주도로 AGI를 개발하고 그 활용을 엄격히 통제하자'의 세 가지이다. 물론 백인백색의 다양한 견해를 이 세 유형에 담는 것은 무리가 많다는 것을 알고 있다. 규제접근에 있어서 유사한 방식을 제안하는 전문가들도 구체적 경쟁촉진 방식이나 규제의 초점을 어디에 둘 깃인지 등에 내해서는 다를 수 있기 때문에, 같은 그룹에 묶는 것에 대해 이론이 있을 수 있다. 그럼에도 불구하고 가급적 단순하게 이해할 수 있다는 장점 때문에 아래와 같이 정리해보았으나, 각 그룹 내에서도 존재하는 다양한 전문가들의 의견 차이까지 고려하며 참고하면 좋을 듯하다.

	"경쟁촉진 및 현실적 규제"	"소수가 주도하는 성장"	"공공적 통제하 개발"
AGI Risk를 보는 시작	• AGI 개발은 먼 미래에나 가능하며 자본유치용 Hype • 현재 시점의 AGI Risk 주장은 사다리 걷어차기 용도이며, AI 경쟁촉진 필요	• AGI 개발은 생각보다 가까운 미래이지만, 모두 협력하여 통제 가능 • AI의 막대한 편익을 고려, 적극적 활용 필요	• AGI 개발 가능성은 매우 높아, 무분별한 Race 중단 필요 • 우리는 AI가 어떻게 작동하는지 아직 모르므로, AGI 통제도 매우 어려움

AI 규제방향	• AGI Risk 보다는 당면한, 예측가능한 Risk에 초점 • 개발자격 제한 같은 구조규제는 경쟁 저해 • 규제방향/강도는 다양한 의견 – 개발중인 모델의 투명성, 책임성에 초점 둔 규제 – 사후규제, 연성규제 등	• 안전성 Risk에 대한 규제는 기업의 자율규제 및 정부와의 공동규제 적용 • AGI는 엄격한 기술통제, 개발자격 제한과 함께 글로벌 확산 억제기구 필요	• AI에 대한 강한 규제 필요 • 특히 AGI 개발은 비영리적, 공익적 목적에 한정 • 나아가 민간보다는 공공부문 주도의 개발이 바람직

[표 3] AGI Risk와 인공지능 규제방식에 대한 다양한 견해

먼저 첫 번째 그룹은 AGI의 개발을 위해서는 앞으로도 수많은 기술적 난제를 해결해야 하며, 나아가 현재의 LLM이 아닌 새로운 접근이 필요할 수도 있다고 생각하는 전문가들을 말한다. (대표적으로 메타의 얀 르쿤을 들수 있다) 이들은 따라서 AGI의 실존적 위협보다는 AI 기술의 확산에 따라초래될, 기존 제도와의 불합치성을 비롯한 수많은 현실적 이슈의 해결에 AI제도화 논의의 초점을 두어야 한다고 제안한다. 바로 이 장의 앞부분에서언급한 이슈들이 대표적이다. 또한 **다수의 크고 작은 기업이 치열하게 경쟁함으로써 혁신을 촉진해야 한다**고 주장한다. 오픈소스 방식의 기술 공개와공유를 선호하는 것도 이들 그룹의 특징이다.

현재 시점에서 (다음 두 번째 그룹의 견해처럼) AGI의 비전을 앞세우되 이로 인한 실존적 위협에 대한 대비를 강조하면서, 일부 기업에게만 개발자격을 허용하자는 주장을 펴는 것은 다른 의도가 있는 것으로 봐야 한다는 견해이다. 즉 이는 AGI 개발에 따른 큰 잠재력을 보여주면서 일종의 Hype를 유발하여 자금을 확보하거나, 다른 기업의 참여를 제한하여 시장을 독과점화 하는 데에 목표가 있는 소위 **선발기업의 '사다리 걷어차기**

다'라는 주장까지 펼친다. 이 그룹의 전문가들은 규제방식도 강한 사전규제보다는 사후규제, 법제도보다는 지침(Guideline), 행동강령(Code of Practice)과 같은 연성규제(Soft Regulation) 위주로 해야 한다고 주장한다.

참고로 분산 인공지능 연구소(DAIR: The Distributed AI Research Institute)의 팀닛 게브루[43]는 AGI 우려 때문에 개발자격을 제한해야 한다는 주장에 반대하는 측면에서는 이 그룹과 동일하지만, 규제방향에 관해 약간 다른 견해를 가지고 있다. 게브루는 다양한 제도적 이슈의 해결에 더해, AI의 개발이 매우 신중히, 안전성에 초점을 두고 책임 있게 이뤄져야 한다고 생각한다. 그래서 규제의 초점이 개발 중인 모델의 투명성과 책임성을 향상시키는 데에 있어야 하며, 규제방식도 좀더 강한 방식을 적용해야 한다는 의견이다.

두 번째 그룹은 가장 주의 깊게 이해해야 하는 그룹이다. 그들은 AI의 편익이 막대하므로 잘 통제하면서 적극적으로 활용해야 한다고 주장하는 측면에서는 일견 첫째 그룹과 마찬가지 의견을 가진 것처럼 보인다. 그러나 둘째 그룹은 AGI의 실현가능성을 더 높게 생각한다는 차이가 있다. 이 그룹에 속하는 것으로 볼 수 있는 인물들은 샘 올트먼과 유명한 실리콘 밸리의 벤처투자자인 (a16z로 줄여 불리기도 하는) 안드리센 호로위츠 등이다.

빌 게이츠는 자주 인용되는 'AI 시대의 개막'이라는 글[44]을 통해 AI 기술이 교육이나 기후변화 대응을 혁신하여 인류의 불평등을 해소하는 데에 큰 기여를 할 수 있다고 역설한다. 또한 생산성을 획기적으로 향상시키

---

43) 구글에서 일했던 '19년 당시, 인공지능 알고리즘의 편향성을 공개논의한 후 겪은 상황들로 인해 유명한 개발자이다.

44) https://www.gatesnotes.com/The-Age-of-AI-Has-Begun

고 의료 분야를 혁신하는 등의 많은 편익을 가져올 수 있다고 지적한다. 빌 게이츠가 오랫동안 숙원으로 가지고 있기도 했던 개인 비서 혹은 에이전트 (PDA: Personal Digital Agent)를 실현하는 것도 앞당길 수 있다고 주장한다. 그러나 AI를 악용하는 사람들이 끼칠 수 있는 위협, 그리고 아직은 도달하지 않은 수준이지만 초 인공지능이 가져올 수 있는 위협에 대응이 필요하다는 점도 지적하고 있다. 다만 인공지능이 끼칠 위협을 통제하고 인류의 불평등 해결에 충분히 기여할 수 있게 하는 것은 시장기능으로 해결되지 않을 것이며, 오히려 그 반대의 방향으로 작용할 가능성이 많으므로, 적절한 규제 시스템이 필요하다는 의견이다. 하지만 구체적으로 규제의 대상이나 방식을 제안하고 있지는 않다.

둘째 그룹에 속한다고 볼 수 있는 일부 전문가들은 이런 빌 게이츠의 견해에 동조하면서, 생각보다 더 빨리 실현될 수 있는 **AGI의 위협을 통제하기 위해 규제의 초점을 AGI 개발자격의 제한에 두어야 한다**고 주장한다. 대표적으로 샘 올트먼은 의회의 청문회에서 고도의 AI 기술개발에 대해 라이선스 제도를 도입하고 국제적으로 핵무기 확산조치에 비견되는 통제기구가 필요하다고 제안했다. 인공지능 기술의 편익은 막대하지만 한번 잘못되면 큰 폐해가 발생되며 돌이킬 수 없다는 것이 그 이유이다. AGI 개발에 대한 라이선스를 부여하되, 다만 구체적 규제방식은 면허 보유기업의 자체적 자율규제와 정부-기업 간의 공동규제에 의거해야 한다고 주장한다.

마지막 세 번째 그룹은 AGI의 실현가능성이 아주 높고 실제로 일반인이 생각하는 것보다 지금 기술수준이 더 AGI 개발에 가까워졌다고 생각한다. 따라서 AGI가 초래할 수 있는 실존적 위협에 대해 두 번째 그룹보다도 더욱 심각하게 생각한다. 이들이 첫째와 둘째 그룹과 근본적으로 다른 점은, **고도의 인공지능 기술을 개발하는 것은 물론, 활용하는 것도 엄격한 통제 하**

에 **이루어져야 한다**고 주장하는 점에서이다. 이런 견해를 가진 대표적 전문가 중 한 명이 '12년 최초로 인공신경망을 개발하여 인공지능의 대부라고 불리던 제프리 힌튼이다. 그는 일하고 있던 구글을 '23년 5월에 떠나면서 그 이유를 AGI의 위협에 대해 보다 부담 없이 이야기하기 위한 것이라 밝힌 바 있다. 그는 또한 AI 기술의 위험성에 대해 심각하게 생각하며, 자신이 해온 일들을 후회한다는 언급을 했다. 힌튼은 단기적으로는 허위정보 등이 문제가 되지만, AI가 인간보다 뛰어난 능력을 갖게 되면 인류에게 실존적 위협을 가져올 수 있다고 경고하고, 기술발전에 대한 통제가 필요함을 역설했다.[45] 그는 또한 사임 직전에 있었던 AI 전문가들의 다음과 같은 AI 개발 중단촉구 서한에도 지지를 표했다.

일론 머스크, 스티브 워즈니악, 요수아 벤지오, 스튜어트 러셀 등을 포함한 수십 명의 인공지능 전문가들은 머스크가 지원하는 'The Future of Life Institute'를 통해 '23년 3월 22일 발표한 서한에서, GPT-4보다 강력한 AI 시스템의 경우, 개발을 최소한 6개월 동안 중지해야 한다고 제안했다.[46] 일론 머스크를 비롯하여, 서명자들 중의 많은 사람이 앞서 언급한 '효과적 이타주의' 지지자로 알려져 있다. 이 서한에서는 기술개발의 중단을 주로 제안했지만, 이와 함께 FLI는 7가지의 정책제안을 발표했다. 이는 '중립기관의 감시와 인증 의무화', '컴퓨팅 파워에 대한 접근 규제', '규제기관 설립', 'AI로 인한 피해에 대한 책임제도', 'AI 모델의 유출 방지 및 추적수단', 'AI 안전에

---

45) 참조: https://www.nytimes.com/2023/05/01/technology/ai-google-chatbot-engineer-quits-hinton.html, https://www.theguardian.com/technology/2023/may/02/geoffrey-hinton-godfather-of-ai-quits-google-warns-dangers-of-machine-learning 등 다수 기사

46) 이는 OpenAI의 GPT-4가 발표된 다음 2주후의 시점이다. 서한의 링크는 https://futureoflife.org/open-letter/pause-giant-ai-experiments/

대한 기술적 연구 자금지원 확대', 'AI로 생성된 콘텐츠 식별 및 관리와 추천에 대한 표준마련' 등이다. [47]

이보다 한층 더 강력하게 AGI 기술의 원천적이고 직접적인 통제방안을 제안하는 전문가들도 있다. FLI 서한의 서명자 중 하나인 이안 호가트는 한 기고에서[48] 현재의 AI 개발 경쟁이 적절히 통제되지 않은 상태에서 너무 과열되어 있다고 경고한다. 컴퓨팅 용량의 비약적 발전이 이를 뒷받침하고 있고, 또한 현재 모델 성능의 한계도 인간이 알 수 없다고 한다. 10배의 리소스를 모델에 쏟아 넣으면 갑자기 모델이 다르게 행동하는 경우가 있으므로, 우리가 AGI에 언제 도달할지 알 수 없다는 것이다. 이런 상황을 묘사하기 위해 그는 최근 유행하는 '웃음 띤 얼굴을 한 쇼거트 밈'[49]을 인용한다. 고도로 발달한 AI의 겉모습만 서비스를 통해 일반인에게 노출되는데, 그 저변에는 무서운 괴물이 숨어있는지 모른다는 의미이다. [50] 그는

---

47) 원문: 1. Mandate robust third-party auditing and certification. 2. Regulate access to computational power. 3. Establish capable AI agencies at the national level. 4. Establish liability for AI-caused harms. 5. Introduce measures to prevent and track AI model leaks. 6. Expand technical AI safety research funding. 7. Develop standards for identifying and managing AI-generated content and recommendations. (출처: https://futureoflife.org/document/policymaking-in-the-pause/)

48) Ian Hogarth('23. 4. 13), 'We must slow down the race to God-like AI', Financial Times

49) Shoggoth with Smiley Face. Shoggoth는 H.P. Lovecraft에 나오는 가상의 몬스터인데, AI의 진정한 파워가 대화형 UI 등의 친밀한 겉모습 속에 감춰져 있을 수 있다는 것을 풍자하기 위한 밈으로 확산된 바 있다. 참조: https://knowyourmeme.com/memes/shoggoth-with-smiley-face-artificial-intelligence

50) 서문에서 언급한 두 영화에서의 로봇이 각각 배경과 의도는 다르지만 자신의 진정한 능력과 정체를 인간에게 감출 수 있음을 상기해보자.

AGI의 개발과 통제방식을 유럽 입자물리연구소(Cern)를 참조하여 설계해야 한다고 제안한다. 외부와 완벽히 차단된 시설에서 개발이 이루어지게 하고 개발의 성과에 대해서는 충분히 검증함으로써, 활용되더라도 위험을 통제할 수 있는 것만 외부에 공개하는 것이다. 지금처럼 민간 기업들이 자유롭게 AGI 개발경쟁을 하고 시장에서 적극적으로 활용하도록 하면 큰 위험을 초래할 수 있다는 견해이다.

[그림 5] 쇼거트 밈에 따라 DALL-E3로 생성

AI 규제에 대한 바람직한 접근방법은?

지금까지 Part I에서는 인공지능 기술의 진화와 확산이 우리에게 가져올 수 있는 단기적, 중장기적 리스크들과 이에 대응하는 접근방식에 대한 다양한 견해들을 소개했다. AGI가 아닌 일반적 인공지능에 대한 규제체계에 대해서는 사실상 규제방식으로 사전규제가 좋은지 아니면 사후규제, 연성규제가 좋은지에 대한 차이가 있을 뿐, 규제의 필요성이나 원칙에 대한 이견은 적다. 초지능 단계 전의 인공지능을 시장에서 활용하는 것에 대해서 큰 반대도 없다. 그러나 AGI에 대한 규제체계와 그리고 그에 근접한 고성능 AI의 활용에 대해서는 큰 견해차이가 있음을 보았다.

생각건대, 미래에 AGI가 실제 도래한 시점에서 인류가 가져야 할 통제장치는 현재 우리가 통상 고려대상으로 삼는 기존의 규제체계들을 넘어서는 무엇일 가능성이 높다. 지금부터 충분한 사회적 논의를 통해 언젠가 올 그 시점에 잘 대비해야 하는 것이다. 그러나 동시에 AI 기술의 혁신 성과들을 인류의 발전을 위해 적극적으로 사용할 필요가 있다고 생각한다. 그렇게 하려면 어느 정도 통제된 형태이던 자유로운 형태이던 간에 **혁신의 경쟁이 벌어지는 것이 바람직하다.**

필자가 생각하는 바람직한 AI 규제체계는 앞서 소개된 세 가지 견해의 어느 하나에 속하지는 않는다. 우선 간략히 소개하자면, '일반적' 인공지능 시스템과 모델에 대한 규제는 사후규제/연성규제, 'AGI'에 대비하기 위한 규제는 라이선스 시스템보다는 고성능 모델에 대한 모니터링 시스템 구축으로 접근하자는 것이다. (이렇게 하려면 두 부류의 인공지능을 구분하기 위한 명확한 구분법이 전제되어야 함은 물론이다) 이와 함께 관련된 제도들의 신속한 개선과 국가 전체적인 거버넌스 정립에 정책의 최우선순위를 두어야 한다. 이런 제안들이 어떤 의미인지 점차 아래에서 상세하게 논의하기로 하겠다.

마무리하며

필자는 테크 산업을 오랫동안 연구의 대상으로 삼고 혁신적 기술이 가져오는 개인의 삶과 사회의 변화를 자주 목격해왔다. 많은 스타트업들이 소위 파괴적 혁신을 부르짖으며 새로운 기술과 비즈 모델을 세상에 내놓는다. 그러나 대부분의 시도들은 시장의 선택을 받지 못하고 빠르게 사라지는 것이 현실이다. **AI 기술도 마찬가지로 시장(즉 우리)의 니즈에 맞는 서비스들을 제공해주는 데에 성공하는 경우에만, 앞서 언급한 편익들과 함께 다양한 고민거리들을 던져줄 것이다.** 과연 AI는 그 엄청난 잠재력을 시장을 통해서 충분히 실현시킬 수 있을까? AI는 디지털 시장의 모습을 어떻게 바꾸게 될까?

플랫폼이 디지털시장의 대세 비즈 모델로 등장한 이후 20년이 지나면서 기존 시장의 문법을 통째로 바꿔 놓은 바 있다. 지금 검색, 전자상거래, 소셜, 앱스토어 등의 주요 분야에서는 몇 개의 플랫폼이 글로벌 차원에서 지배적 위치를 차지하고 있다. 이들의 대부분은 플랫폼 특유의 규모와 범위의 경제를 다른 기업보다 빠르게 확보하고, 끊임없이 새로운 기술과 서비스를 도입함으로써 확장을 거듭하고 있다. 이를 통해 플랫폼의 양쪽에 있는 이용자들(예를 들어 커머스 플랫폼의 경우 최종소비자와 플랫폼에 입점한 리테일러)의 니즈를 함께 충족하는 한편, 자기 고객으로 묶어 두는(Lock-In) 데에 성공한 기업들이다.

엄청난 수의 이용자를 과거 어느 서비스보다 빠르게 확보한 생성형 AI 시장에서도 플랫폼화 초기단계의 모습이 나타나고 있다. AI 모델과 이를 적용한 서비스들이 이루는 새로운 플랫폼들이 생겨나고 있고, 기존의 다른 플랫폼들과도 연결되어 그들을 진화시키고 있다. 생성형 AI의 초기인 지금은 주로 사람들과 기업들이 특정 작업을 보다 쉽게 하고 성과를 올리는 데에 AI를 이용하고 있다. 그러나 플랫폼화가 더 진전되고 개인화가 이루어지면, 지금 우리가 여러 가지 서비스를 이용하는 방식이 크게 변화될 수 있다. AI는 고객들이 일상에서 사용하는 수많은 서비스의 품질을 획기적으로 높이고, 지금은 상상할 수 없는 방식으로 보다 편리하게 이용하게 할 잠재력을 가지고 있다. 그렇게 되면 디지털 시장의 구도는 어떻게 바뀔까? 우리는 지금 플랫폼들의 등장 이후 20여년 만에, 또 한번 디지털 시장 대변혁의 시작을 목도하고 있는지도 모른다.

그런데 소비자들의 니즈 이외에도, 시장의 변화방향에는 관련 규제제도가 당연히 핵심적 영향을 미치는 요인이다. AI의 제도화는 이미 예상되는 리스크는 물론, 전문가들조차 합의에 이르지 못하는 불확실한 미래의 리스크에 대응해야 하는 과제이다. 저작권 문제나 개인정보 보호 등 오랜 시간 동안 우리가 발전시켜온 제도들은 당연히 인공지능이 제기하는 새로운 이슈들에 맞게 개선해 나가야 할 것이다. 이런 제도들에 대한 해법 마련이 쉬운 것은 결코 아니지만, 인류가 충분히 준비되어 있는 이슈인 것은 사실이다.

그러나 특이점 이후의 세상에서 인공지능이 모든 인류에게 도움을 주면서 새로운 번영으로 나아갈 수 있도록, 현재의 우리가 어떤 준비를 해나가야 하는가는 매우 어려운 문제이다. 누구도 단정할 수 없는 미래의 상황에 대비하기 위한 제도적 장치들은, 자칫 잘못하면 좀 더 많은 정보를 가지고 있는 측의 관점에 경도되어 만들어질 수 있다. 과소규제와 과도규제의 가능성이 모두 높은 상황이다.

인공지능을 제도화하면서, 그야말로 공전절후의 혁신기술이 열 막대한 편익과 새로운 기회를 외면하는 것은 정답으로 보기 어렵다. 다만 그 기술이 인류의 가치에 부합하고 인류 모두에게 골고루 혜택을 가져올 수 있도록 신중하게 제도의 틀을 짜야 할 것이다. 가급적 다양한 인류의 관점들이 모여 바람직한 해법을 강구해내는 것이 필요하다. 이 책이 지금부터 좀 더 상세히 살펴보고 독자들과 같이 생각해보고자 하는 주제이다.

Special Section: 外傳 아닌 外傳, 생성형 AI와 디지털 시장 경쟁의 미래

그러나 본격적으로 제도를 논의하기에 앞서, AI 기술이 디지털시장에 미칠 수 있는 영향에 관해 생각해보도록 하자. 이 책의 흐름에서 다소 벗어난 내용처럼 보일 수도 있지만, 독자들이 AI 기술이 가진 잠재력을 보다 우리 생활에 맞닿은 관점에서 이해하는 데에 도움이 될 내용이다. 이는 또한 Part II에서 논의되는 바람직한 AI 제도화 방향에 관해 독자들 나름의 관점을 가지고 판단할 수 있게 도울 수도 있다.

생성형 AI의 등장과 확산이 급속히 디지털 제품과 서비스 시장의 판도를 바꾸고 있다. 이 스페셜 섹션에서는 시장 분야별로 어떤 변화가 일어나고 있고, 미래 경쟁의 판도는 어떻게 바뀔 것인지 필자 나름대로 전망해 보고자 한다. 인공지능의 제도화는 지금까지 설명한 리스크에 대한 대응은 물론, 바람직한 시장 경쟁구도를 촉진하는 방향도 고려해야 한다. 디지털시장의 경쟁촉진 방안을 본격적으로 논의하는 것은 이 책의 인공지능 제도화라는 주제 내에서는 한계가 있는 것이 사실이다. 그러나 이 섹션의 내용을 바탕으로 독자들은 우선 생성형 AI가 디지털 시장의 경쟁을 어떻게 바꿀 수 있을지 짐작해보기 바란다.

핵심 플랫폼 시장분야를 중심으로 한 디지털 시장의 과거와 현재

디지털 시장을 주도하는 테크 기업들이 또한 전체 글로벌 산업계를 주도한지는 10년이 넘었다. 애플이 '11년 글로벌 시총 1위 기업이 된 후 Top 10 목록에 마이크로소프트가 '12년 진입하였고, 이후 '13년 알파벳(구글), '15년 아마존, '16년 메타(페이스북)가 뒤를 이었다. '17년부터는 소위 GAFAM으로 불리는 빅테크 체제가 공고히 자리잡게 되었다. 그런데 수년간 공고히 유지되던 이 목록에 생성형 AI의 출현 이후 작지 않은 변화가 일어나고 있다. '24년 3월 현재 이 리스트는 '마이크로소프트 → 애플 → 엔비디아 → 아람코 → 아마존 → 알파벳 → 메타 → 버크셔 해서웨이 → TSMC → Eli Lilly(제약기업)' 등으로 진행된다. 또한 최근 상위 3개 기업간 순위는 새로운 제품이나 서비스, 그리고 기업의 실적 발표 때마다 크게 변화하고 있다.

특기할 사항은 여러 가지이다. 우선 생성형 AI 출현 이후 시장을 선도하는 OpenAI와 긴밀히 협력해온 마이크로소프트가 애플로부터 시총 1위 자리를 빼앗은 것이다. 이는 아직 애플이 생성형 AI의 웨이브 속에서 이름값만큼의 존재감을 보이지 못하고 있는 것과 무관하지 않다고 생각된다.[51] 한편 생성형 AI의 학습과 운영에 없어서는 안 되는 GPU의 거의 독점적 공급자인 엔비디아가 3위로 올라섰고, 역시 반도체의 주문생산(파운드리) 분야의 절대강자인 TSMC의 위치도 견고하다. 메타의 경우 메타버스 중심의 전

---

51) '24년 3월 애플은 애플카 개발을 철회하고 생성 AI에 대한 대대적 투자전략으로 선회해 자사의 아이폰에 다양한 생성 AI 기술 적용, 시리 업그레이드, 새로운 챗봇 개발, SOTA LLM과의 협업 등 다양한 시도를 하고 있다고 전해졌다. 이후 '24년 6월 드디어 Apple Intelligence라는 이름으로 온 디바이스 AI 서비스를 선보였다. 애플의 강점인 디바이스 장악력과 Siri를 중심으로 하는 이 움직임이 AI 시장에서 애플의 위상을 얼마나 높일지 주목되는 시점이다.

략에 대한 성과부진 등으로 '22년부터 주가가 급속히 하락한 바 있으나, 오픈소스 방식의 생성형 AI 흐름을 주도하면서 다시 복귀하였다. 아마존은 아직 LLM 개발 경쟁에서의 존재감은 약하지만 AI 인프라인 클라우드의 강자로서 생성형 AI 산업에서 중요한 위치를 차지한다. 한편 테슬라의 경우 '23년 1월에 11위로 Top 10에서 물러난 이후, '24년 3월 15위로서 아직 이 목록에 복귀하지 못하고 있다.[52]

물론 기업가치를 결정하는 요인은 무수히 많으나, 적어도 '23년 초부터는 전통적 **빅테크기업 중에서도 생성형 AI에서 얼마나 존재감을 가지고 있는지가 글로벌 Top 10의 추이에 크게 영향을 미치고 있다**고 해석해도 무리가 없을 것이다. 그러나 생성형 AI 이전의 대부분의 빅테크 기업가치는 각 분야의 플랫폼 시장에서의 지위와 밀접한 연관이 있었다. 즉, 구글은 검색과 안드로이드 앱스토어, 메타(페이스북)는 소셜미디어 분야, 아마존은 e-Commerce, 애플은 앱스토어 등의 플랫폼 분야에서 압도적 지위를 가지고 있다. 생성형 AI는 기업 가치뿐만 아니라 이런 디지털시장의 구도에도 큰 영향을 미칠까?

우선 현재의 각 플랫폼 분야 점유율을 보자. 데스크탑에서의 검색엔진 분야에서는 구글이 '24년 1월 기준으로 81.7%, 마이크로소프트의 빙이 10.5%를 차지한다.[53] 구글의 점유율은 생성형 AI 이전에 오랜 기간 동안 90% 내외의 수준이었으나, 이후 빙의 점유율이 조금씩이나마 계속 상승하고, 구글의 점유율은 하락하고 있다. 생성형 AI 이후 검색엔진에서 일어나고 있는 변화는 조금 아래에서 더 상세히 설명하기로 한다.

---

52) 출처: https://companiesmarketcap.com/

53) 출처: https://www.statista.com/statistics/216573/worldwide-market-share-of-search-engines/

소셜미디어 분야에서는 '24년 1월 기준 페이스북이 30억명, 유튜브가 25억명, 왓츠앱 및 인스타그램이 각각 20억명, 틱톡이 15.6억명 등의 가입자를 자랑한다.[54] 이용자 수로만 보면 이 시장은 상당히 파편화되어 있는 것처럼 보인다. 그런데 좀 더 자세히 보면 그렇지 만은 않다. 우선 이용자들은 한, 두 개의 소셜 플랫폼이 아니라, '23년 기준 평균적으로 7.2개의 플랫폼을 이용하는 것으로 나타난다. 이용자 수치 가운데 중복된 숫자가 상당히 큰 것이다. 그래서 좀 더 참고가 되는 데이터는 플랫폼별 이용시간이나 플랫폼이 창출하는 트래픽량이다. 우선 이용시간을 보면, 매달 유튜브 사용량은 23시간, 페이스북은 19.5시간, 틱톡은 25.5시간, 인스타그램 12시간인 반면, 다른 플랫폼들은 10시간 미만의 사용량을 보인다. 한편, 플랫폼에서 출발하여 다른 웹페이지로 연결되는 트래픽을 기준으로 보면 페이스북이 67%로 압도적이고, 인스타그램 11%, 트위터 10.3%로 나타나고 있다.[55] 광고수익 측면에서도 6,000억불 수준으로 추산되는 전체 디지털 광고시장(검색광고 2,600억불, 소셜 미디어 광고 2,260억불 등 포함) 중 점유율이 알파벳 25~30%, 메타 16~20% 내외 수준으로 나타나고 있어,[56] 소셜 미디어 시장에서 페이스북의 지위를 엿볼 수 있다. 메타라는 회사 전체로 보면 페이스북 이외에도 왓츠앱, 인스타그램을 보유하고 있으므로, 소셜미디어 시장에서 메타의 위치는 매우 강하다고 볼 수 있다.

e-Commerce 분야는 미국시장을 기준으로 아마존이 37.6%, 월마트가 6.4%의 점유율을 가지고 있고, 애플, 이베이가 3% 내외, 그리고 나머

---

54) 출처: https://www.statista.com/statistics/272014/global-social-networks-ranked-by-number-of-users/

55) 출처: https://gs.statcounter.com/social-media-stats

56) 출처: https://www.statista.com/outlook/dmo/digital-advertising/worldwide#ad-spending

지는 수많은 플랫폼들이 롱테일(Long Tail)을 형성하고 있다. 아마존은 미국 내는 물론 글로벌 전자상거래 시장의 주도 기업 중 하나임은 물론이다. 아마존의 수익모델은 '상거래 사이트/프라임 멤버쉽 → 상품연결/데이터기반 추천/광고 → FBA(Fulfillment By Amazon. 물류/배송) → 직접판매 증가 및 오픈마켓 입점상인/상품 증가'로 연결되는 선순환구조를 갖고 있다. 프라임 멤버쉽의 혜택, 막대한 상품 구색, 데이터분석 기반 추천, 물류에서의 압도적 경쟁력 등이 플랫폼의 양쪽 이용자를 더 확장하고 묶어두는 데에 효과를 발휘하고 있는 것이다. 창업자인 제프 베조스가 직접 아래와 같이 그린 자신의 전략, 이른바 '플라이휠(Flywheel)'이 가장 잘 작동하는 플랫폼을 구축한 셈이다. 각 부분을 작동하는 요소는 조금씩 다르지만, 대부분의 성공적인 플랫폼을 관류하는 원리는 이와 크게 다르지 않다.

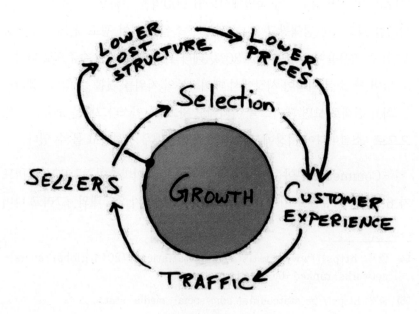

[그림 6] 아마존의 플라이휠

한편 또 중요한 플랫폼이 앱스토어이다. 이 시장은 당연히 스마트폰의 운영체제(OS)를 거의 양분하고 있는 구글과 애플이 대략 7:3의 비율로 분점하고 있다. 물론 우리나라의 원스토어처럼 경쟁적 플랫폼도 존재하나, 아직은 글로벌 차원에서의 큰 경쟁자는 없는 상황이다. 구글과 애플은 압도적인 모바일 OS에서의 위치를 기반으로 앱스토어를 장악하고, 수수료나 인앱결제를 통하여 수익을 얻고 있다. 참고로 마이크로소프트는 모바일 OS에서의 존재감은 미약하지만 윈도우를 통해 PC OS에서 만큼은 절대적 위치를 선점하고 있다. MS는 이를 바탕으로 앱 생태계에서의 플랫폼 파워를 구축하기 위해 노력해왔지만 아직까지는 이 시도가 크게 성공적이라고 보긴 어렵다.

지금까지 본 빅테크 플랫폼들은 시장분야별로도 그렇지만, 고객접점이라는 차원에서 볼 때 다른 일반 기업들보다 큰 우위를 차지하고 있다. 사람들이 점차 스마트폰을 통해 모든 일상사를 처리하는 것은 오래된 추세이다. 이용자들은 '23년 기준으로 매일 스마트폰을 5시간 정도 사용하는 것으로 나타난다. 이중 점유비를 보면 소셜/커뮤니케이션(42.4%), 사진/비디오앱(25.1%), 모바일 웹브라우징(8.1%), 모바일 게임(8.0%), 엔터테인먼트 앱(3.1%), 모바일 쇼핑(2.7%), 기타 앱(10.6%) 등으로 분포되어 있다고 한다.[57] 이용자들이 하루에 디지털 서비스에 쏟는 관심(Attention) 중 많은 부분을 소셜미디어, 검색, 쇼핑 등이 차지하고 있는 것이다.

---

57) 출처: https://datareportal.com/reports/digital-2023-global-overview-report

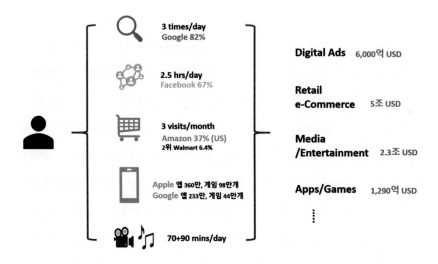

[그림 7] 디지털시장의 고객접점 As-Is

앞서 본 것과 같이 기존의 빅테크 플랫폼들은 자신의 시장분야 내에서 집중된 구조를 유지하고 있다. 그런데 좀 더 관찰해보면, **시장분야를 넘어서는 빅테크 간 경쟁도 거의 발생하지 않고 있다**는 것을 알 수 있다. 현실적으로 자금력이나 기술력 측면에서 어떤 플랫폼 분야의 빅테크의 지배구조에 도전할 수 있는 일차적으로 가장 강한 경쟁자는 당연하게도 다른 빅테크이다. 그러나 이런 류의 경쟁시도가 성공한 사례는 이제까지 거의 없었다. 검색의 강자인 구글의 커머스 시장 진출, MS의 검색시장 경쟁 등의 사례를 보면, 빅테크라 하더라도 다른 빅테크가 장악한 영역에서 생존하는 것이 얼마나 힘들게 되었는지를 알 수 있다.

그 이유는 일차적으로는 해당 영역에서 빅테크가 쌓아올린 네트워크 효과와 강력한 인프라, 기술력, 브랜드 파워 등일 것이다. 그러나 또 하나의 근본적 원인은 바로 고객의 수요이다. 현재의 소비자는 플랫폼 서비스를 이용할 때, 당시의 니즈에 따라 서로 다른, 해당 분야에서의 전문성이 높은 플랫폼을 이용하는 분절적 형태를 보이는 경우가 대부분이다. 즉 정보를 찾고 싶을 때에는 검색엔진을 켜고, 지인과 소통하고 싶을 때에는 메신저나 SNS에, 물건을 사고 싶을 때에는 커머스 사이트에 들어가는 것이다.

그러나 만일 이런 다양한 플랫폼들이 제공하는 서비스가 서로 유사해지거나, 다양한 서비스 간에 유기적으로 연결되는 것이 중요해진다면, 이 같은 고객의 이용행태가 바뀔 것이다. 이는 디지털시장에 경쟁을 촉진할 수 있는 가장 유력한 방식인, 빅테크 간의 경쟁을 본격화하는 계기가 될 것이다.

필자는 이 책의 주제인 생성형 AI가 디지털 서비스의 혁신을 통해 디지털 시장에서 빅테크 간의 경쟁을 본격적으로 촉발할 수 있다고 생각한다. 우선 이미 벌어지고 있는 검색시장에서의 경쟁변화부터 소개한 후, 이용자의 수요와 서비스 제공구조가 점차 어떻게 바뀌어 갈 수 있을지 전망해보기로 하자.

생성형 AI가 변화시키고 있는 검색플랫폼 시장

ChatGPT라는 생성형 AI 서비스의 출현 이후 가장 먼저 영향을 받은 플랫폼 분야는 당연하게도 검색시장이다. ChatGPT와 이에 이어서 출시된 Bard 등은 자연스러운 대화형 UI를 갖추고 있는데, 사람들은 이들을 가벼운 대화상대로 받아들이는 데에서 그치지 않고 일종의 검색도구로 사용하기 시작했다. '검색'이란 '어떤 문제의 솔루션을 얻기 위해 정보를 구하는 행위'라고 정의될 수 있다.[58] 이들 챗봇이 출시 당시부터 정확한 정보를 얻는 데에 합당한 수준의 성능을 갖추고 있는 것은 아니었고, 기업들이

---

58) 'Search': 1. An attempt to find someone or something, 2. An attempt to find an answer to a problem(출처: Cambridge English Dictionary)

이를 위해 충분한 준비를 갖추고 출시한 것으로도 보이지 않는다. 초기의 ChatGPT는 '21년 9월까지의 데이터만으로 학습되어 답변의 정확성에 근본적 한계가 있었다고 전해지며, 주지하다시피 초기에 할루시네이션 문제도 심각했다.

그러나 이후 보다 최신 데이터로 추가적 학습을 진행하고, 앞서 설명한 여러 가지 개선을 통해 모델 자체의 성능이 지속적으로 업그레이드되고 있어, 챗봇이 자체적 정보획득 수단으로서도 점차 좋은 성능을 보여주고 있다. 이에 더하여 생성형 AI는 두 가지 방향에서 기존의 검색 툴들과 결합하면서 검색시장에 영향을 주고 있다. 첫째로는 챗봇들이 답변을 도출할 때 검색엔진을 활용하여 답변의 정확성을 향상시키려고 하고 있고, 다음으로는 생성형 AI 기능을 기본으로 장착한 새로운 검색엔진들이 등장한 것이다.

좋은 검색경험이 도출되려면 세 가지의 요소가 중요하다고 생각된다. 먼저 '검색의도의 파악'이다. 검색어를 정확히 이해하고 이용자의 검색목적을 파악, 맥락 혹은 기대('Mental Model'[59]이라고도 부를 수 있을 것이다)에 맞는 검색이 수행되도록 하는 것이다. 이를 위해서는 검색시스템이 갖춘 지식그래프(Knowledge Graph)[60]의 품질이 중요하다. 또한 이용자의 검색의도를 정확하게 파악해야 한다는 측면에서 개인의 맥락 파악도 중요하다. 검색이용자가 '번개'라는 검색어를 입력했을 때, 이것이 날씨를 의

---

59) Mental Model: 어떤 니즈를 해결하기 위해 한 시스템을 이용하는 각 고객마다 그 시스템이 어떻게 작동할 것이라고 나름대로 기대하는 방식. Mental Model 및 아래에 언급되는 Berry-Picking 개념 소개를 포함하여 많은 인사이트를 나누어주신 상명대 박성준 교수께 감사를 드린다. 그러나 이런 개념이 올바르게 활용되었는지에 대한 책임은 당연히 전체 분석 프레임워크를 구성하고 서술한 필자의 몫이다.

60) Knowledge Graph: 정보들 간의 관계를 인간과 머신 모두 이해 및 접근하기 쉽게 표현한 것. 노드(정보)와 엣지(관계)로 구성된다. 검색어를 정확히 이해함으로써 검색결과의 정확성, 관련정보 제시 품질 등을 결정하는 데에 중요한 역할을 한다.

미하는지, 아니면 모임장소를 찾고자 하는 것인지를 빨리 알 수 있으면, 이용자의 요구에 맞는 결과들을 우선적으로 배치하여 검색노력을 최소화할 수 있다. 이용자 개인에 대한 정보, 검색이력 등에 관해 시스템의 이해도가 높을수록 맥락에 맞는 결과를 내어놓을 가능성이 높아진다.

두 번째로는 '검색결과의 품질'이 중요할 것이다. 검색맥락에 맞는 최적의 정보 제공은 물론, 지도나 근처 맛집 등의 풍부한 관련정보나 주변정보를 제공하고, 애초 검색 Task에 이어 필요한 추가적 검색 Task도 제안(번개 피하는 법? 번개모임 장소 추천?)하는 등으로 검색의 품질을 높일 수 있다. 이를 위해 검색엔진은 지속적으로 세상에 존재하는 정보를 Crawling/Indexing하여 Knowledge Graph를 업그레이드한다.

최선의 정보를 제시하는 것 못지 않게 이용자의 검색경험에 큰 영향을 미칠 수 있는 것은 '검색결과의 Delivery'라고 생각된다. 이용자의 본래 검색목적에 최적화된 형태로 최종 검색결과를 제시할 수 있어야 한다는 것이다. 이용자가 최종적으로 원하는 것이 Text 형태로 된 문서나 설명인지, 표나 지도와 같은 Graphic 형태인지, 아니면 나아가서 본래 검색이용자가 고민하고 있는 어떤 과업의 계획서 초안까지 작성해주는 것인지 등이다. 더 바람직하기로는 필요한 경우에 이용자의 최종적 니즈 해결에 필요한 솔루션(상품 추천 or 항공권 예약)까지 추천해 줄 수도 있고, 이 모든 니즈를 끊김 없이(Seamless하게) 해결할 수 있도록 지원해주는 것도 중요할 것이다. 이렇게 하려면 다양한 서비스와 검색시스템과의 연결성이 중요해질 것이다.

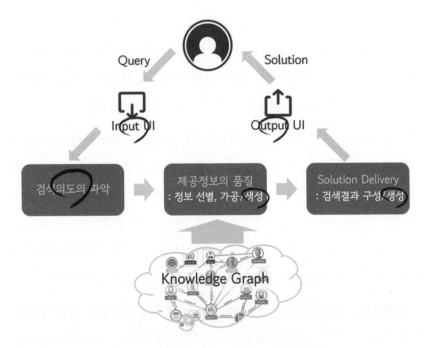

[그림 8] 검색경험의 3요소와 생성형 AI의 잠재적 역할

현재까지 글로벌 차원에서 검색시스템의 최강자인 구글의 경우, 수시로 크롤링 S/W를 통해 수천억 개의 웹페이지와 컨텐츠를 검색하여 키워드, 업데이트 상태 등 신호를 검색 인덱스에 저장한다. 이용자의 검색 Query 에 대한 최적의 신뢰성 높은 정보가 어느 웹페이지에 존재하는지를 신속히 알 수 있도록 지식그래프를 지속적으로 업데이트 하려고 하는 것이다.[61] 이 외에도 구글이 보유한 이용자정보, 검색결과를 제시하는 데에 사용되는 다양한 UI, 리뷰, 지도, 예약 등의 연결서비스들이 검색경험을 높이는 데에 활용된다. 물론 우리나라의 네이버 등 검색엔진도 유사한 방식으로 검색시

---

61) 출처: 'How search works?'(Google Homepage)

스템의 품질을 높이기 위해 노력하고 있다. Bing과 같은 경쟁서비스가 좀처럼 낮은 이용률을 높이지 못하고 있던 것은 이런 종합적 측면에서의 검색경험의 차이가 존재해온 것에 기인한다고 볼 수 있을 것이다.

그런데 기존 검색시스템에서 얻을 수 있는 검색경험에도 일정한 한계는 있다. 통상적으로 기존의 검색시스템에서는 이용자가 특정 Query를 입력하고, 시스템이 출력하는 다양한 결과 중에서 자신이 가장 원하는 정보를 선별하며, 다시 좀 더 구체적 Query를 입력하고 보다 구체적 정보를 찾는 것이 일반적이다. 이후 상품구매나 숙소 예약 등 최종적으로 원하는 서비스가 결정될 때까지 이용자에게 적지 않은 리서치가 필요하게 되는 것이다.[62] 또, 학술연구 등 상당히 전문화된 수준의 검색이 필요할 경우에도 일반 검색엔진을 사용하면 찾을 수 있는 정보에 일정한 제약이 존재하는 것도 사실이다.

이런 상황에서 LLM에 기반한 챗봇의 등장은 검색을 더욱 진화시키는 데에 단초가 되었다. 지속적 대화라는 UI를 통해 이용자의 니즈를 자연스럽게, 편리하게, 그리고 구체적으로 파악할 수 있게 되었다. 또한 필요한 정보를 찾아내는 리서치의 과정도 훨씬 줄일 수 있다. 이용자의 질문이 기존 검색보다 훨씬 단도직입적으로 이루어질 수 있게 되었고, 이에 대해 직접 원하는 답변을 찾아줄 수 있는 시스템을 기대하게 하였다. 심지어 Query를 Text 형태가 아닌 이미지나 동영상, 소리 등 다양한 형태로 할 수 있는 멀티모달(Multi-Modal) 검색이라는 신세계가 열렸다. (이 사진

---

[62] 검색은 일회성 행위가 아니라, 이용자가 목표를 가지고 검색서비스와 상호작용하면서 질의와 필요한 정보 소스가 계속 변화하는 과정이며, 각 징검다리에서 모은 정보들을 종합함으로써 가치가 실현되는 것에 가깝다. 이를 여러 딸기 밭을 돌아다니며 딸기를 수확하는 'Berry-Picking'으로 표현한 글도 있다.(Bates, 1989, 'The Design of Browsing and Berrypicking Techniques for the Online Search Interface')

에서 학생이 메고 있는 백팩은 어느 회사 제품이지?) 또한 검색결과도 아예 이용자의 수고를 최소화하여 이용자가 원하는 최종적 형태로 내어놓을 수 있다. (5월 진해 벚꽃 여행 계획서를 짜줘)

ChatGPT, 구글 Gemini 등 LLM 챗봇을 통한 검색에서 이런 가능성이 완전히 실현되려면 아직 여러 가지가 해결되어야 한다. 먼저 지식그래프의 품질인데, 최신의 LLM들이 보다 최신 데이터로 학습을 진행했고, 검색엔진을 플러그인으로 사용하면서 정보의 품질은 향상되고 있다. 다만 기존 검색엔진과 LLM 챗봇이 지식을 활용하고 답변을 도출하는 방식이 다르다 보니, 이 같은 노력이 LLM 검색결과의 품질을 확연히 높일 수 있을 것인지는 아직 두고 볼 부분이 있는 것으로 판단된다. LLM은 다른 서비스들과 연결되는 점에 있어서 아직 기존 검색엔진들에 미치지 못한다. 따라서 검색결과를 지도로 보여주거나 이용자가 필요로 하는 최종적 서비스로 '끊김 없이 연결'[63] 시키는 등, 솔루션의 Delivery 부분에서도 아직은 해결될 점이 많다. 정리하면, 검색의도를 파악하는 대화 UI, 멀티모달 검색 등 검색의 확장, 최종적 결과를 직접 생성하여 제시하는 기능 등 LLM 챗봇이 검색을 혁신할 가능성은 현실화되고 있으나, 아직 제공정보의 정확성이나 다양한 측면에서의 서비스 품질 등은 개선의 여지가 있는 것으로 보인다. 서비스기업의 검색작업 처리에 소요되는 비용이 상대적으로 높은 문제, 고객의 맥락 파악을 통한 개인화에 아직 한계가 존재하는 이슈 등도 미해결 과제이다.

그럼에도 불구하고 오랜 기간 동안 3% 내외의 점유율에 머무르던 MS의 Bing이 ChatGPT의 기능을 결합하여 Bing Chat이라는 새로운 검

---

63) 예를 들어 이용자와의 대화를 통해 여행계획을 구체화시키고 난 후, 막상 예약단계로 가면 조건에 맞는 항공권이나 숙박시설을 직접 추천하는 것이 아니라 단순히 해당 예약사이트로 연결시켜주고, 그곳에서 원하는 정보를 다시 입력하여 검색하게 한다면 서비스 경험이 분절될 것이다.

색도구를 출시한 이후로 1년 정도의 기간에 10% 내외의 점유율을 달성한 것은 특기할 만하다. MS는 OpenAI의 기술과 자사의 자원을 결합하였다. OpenAI의 ChatGPT 4.0 + MS의 Cloud Infra(Azure) + Prometheus Model[64]을 결합한 결과가 Bing Chat인 것이다.

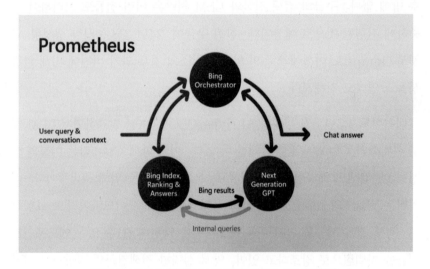

[그림 9] MS의 검색엔진과 LLM 결합방식(출처: MS 홈페이지)

이처럼 인터넷 검색을 통해 답변하여 실시간 정보를 반영할 수 있는 LLM 검색으로 검색시장에서의 MS의 지위가 지속적으로 향상될 것인지는 지켜봐야 할 부분이다. 구글도 마찬가지로 이와 같은 여러 가지 시도를 하고 있고, LLM을 검색에 결합시키려는 다른 기업들의 노력도 활발하기 때문이다.

---

64) Prometheus Model은 새로운 Bing의 검색인덱스 순위와 GPT 추론 모델의 답변 결과를 결합하는 기술로 알려진다.

'23년 5월 구글 I/O에서 기존 검색엔진과 LLM검색이 통합된 'SGE(Search Generative Experience)'라는 이름 아래 다양한 시도가 이뤄지고 있다는 발표가 나왔고, 이후 '23년 11월에는 한국에서도 이를 경험해볼 수 있게 되었다.[65] 구글의 경우 광고수익에 대한 의존도가 매우 높아, 검색의 변화가 기존의 광고수익 창출방식에 미치는 영향에 예민할 수 밖에 없다. 구글의 검색 진화와 LLM 전략은 이런 점들도 고려하여 신중하게 진행될 것으로 예상된다. 한편 구글이 '24년 3월 출시한 생성형 AI 챗봇 Gemini도 여행예약 등의 일부 서비스의 경우 과거 버전에 비해 완결성을 높였다고 전해진다.

네이버도 '23년 8월 생성형 AI HyperCLOVA X를 발표하면서 LLM 챗봇 서비스인 'CLOVA X'를 공개한 바 있다. 이와 함께 'Cue:'라는 이름의 생성형 AI 검색도 베타버전을 공개했고, 본격적 출시를 위해 준비중이다. 네이버는 'Cue:'의 Identity를 '검색 목적달성을 돕는 어드바이저'로 표현하고, 검색 결과 제공을 넘어 이용자의 목적을 달성해 줄 수 있는 엔드포인트 제공을 차별점으로 강조하고 있어, 앞서 설명한 검색진화의 방향과 유사한 지향점을 보인다.[66]

검색시장에서는 이외에도 처음부터 LLM 기능을 체화한 새로운 검색엔진들이 등장하고 있다. You.com, Perplexity.ai, Waldo.fyi, Consensus.app 등이 그들인데, 각각 LLM 기능을 활용한 새로운 검색경험 제공에 차별점을 내세우고 있다. 이런 관점에서 특히 주목할 만한 동향은 특정 전문영역에 특화된 검색엔진들에서 나타나고 있다. 의료, 법률,

---

65) 참조: https://blog.google/intl/ko-kr/products/explore-get-answers/ google-search-generative-ai-korea-expansion-kr/

66) 출처: https://cue.search.naver.com/

학술 등 전문지식의 깊이와 정확성이 필수적인 영역에서는 일반적 LLM 기술로만 검색경험을 향상시키기 어렵다. 따라서 전문적 도메인 데이터로 모델을 파인튜닝하고, 해당분야 업무에 더 적합한 형태의 UI를 갖춘 검색 도구들이 등장하고 있는 것이다.[67]

예를 들어 Iris.ai와 같은 사이트는 전문분야 연구자들의 니즈 충족을 위한 검색도구로서, 검색자가 관심을 가지는 연구주제에 가장 부합하는 학술논문을 찾아준다. 일차적으로 주제와 관련성이 있는 다양한 키워드를 먼저 제시해주고, 이들 중에서 연구자가 쉽게 점차 관련성 높은 키워드로 좁혀 나가게 유도하며, 따라서 가장 참고가 될 만한 문헌들을 찾을 수 있게 한다. 논문의 검색에 생성형 AI를 사용해, 단순한 키워드가 아닌 각 논문의 실제내용을 기반으로 검색결과를 도출함으로써 정확성을 높일 수 있다고 한다. 물론 이런 전문적 검색서비스 구축을 위해서는 모델의 파인튜닝에 많은 도메인 전문가가 참여하여야 할 것이다.[68]

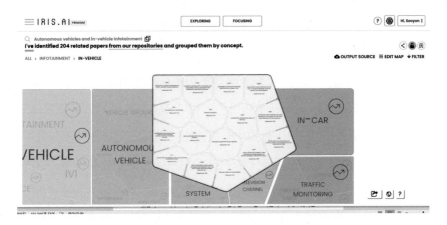

[그림 10] Iris.ai를 사용해 연구주제 관련 키워드를 구체화하는 작업 예시

---

[67] 생성형 AI 기반의 다양한 검색수단 변화를 직접 경험하고 인사이트를 도출해준 심상만, 한승진, 정연준 수석연구원께 감사를 드립니다.

[68] Iris.ai의 경우 신원은 공개되어 있지 않지만, 지식공학 및 Curation 경험을 보유한 과학, 공학, 기술 등 다양한 분야의 전문가를 활용하고 있다고 알리고 있다.

LLM의 도입은 이와 같이 다양한 기능과 UI의 가능성을 통해, 검색플랫폼이 정보제시에 그치지 않고 이용자의 니즈를 끝까지 원 스탑으로 해결해주는 방향으로 진화하는 데에 도움을 주고 있다. 이런 시도가 성공한다면, 검색플랫폼과 다른 서비스 분야 간 경계가 더 낮아지고 각 영역의 강자들 간 본격적 경쟁이 펼쳐지게 될 수도 있을 것이다. 물론 신기술이 등장하면 항상 그렇듯이, 생성형 AI를 통해 혁신적 검색서비스를 개발하는 스타트업들도 빅테크들에 도전하여 디지털시장 경쟁구도를 바꾸게 될 것이다.

생성형 AI가 촉발하는 플랫폼 분야를 넘나드는 경쟁

한편 이처럼 검색시장에서 시작되어 다른 분야로 확장되는 방향이 아닌, 다른 분야의 플랫폼이 검색시장에 영향을 미치는 방향으로도 마찬가지로 변화가 일어나고 있다. 먼저, 이전부터 상품검색, 여행검색과 같은 분야에서는 구글, 빙 등의 검색플랫폼을 거치지 않고 이용자들이 바로 해당 영역의 전문 플랫폼을 방문하는 비율이 증가해왔다. 이는 필요 상품의 직접구매, 예약 등 관련 서비스로 바로 연결되는 것 같은 편이성 이외에도, 전문플랫폼에 대한 신뢰성, 유사한 니즈를 해결한 이용자들의 리뷰 같은 편익을 얻을 수 있기 때문이다. 상품구매(아마존), 비디오(유튜브), 네트워킹(링크드인), 여행(트립 어드바이저) 등, 이에 해당하는 사례도 얼마든지 찾아볼 수 있다. 디지털 광고시장은 검색사업자 및 소셜미디어 플랫폼의 주된 수입원이다. 여기에서 구글과 메타의 점유율이 매우 높기는 하지만, '22년 전체시장 6,160억불 중 아마존이 6%(4위)를 차지했다고 하며, 이 비율은 늘어나는 추세이다. 상품검색 분야에서 상거래 사업자의 영향력이 늘어남을 반영하는 수치이다.

또 하나의 주목할 만한 현상은 SNS와 검색의 융합이다. 이른바 Z세대 (GenZ)는 일반 검색엔진보다는 TikTok과 Instagram을 통해 정보를 찾는 경향이 많다고 한다. 이는 숏폼을 통한 쉬운 접근, 관심사를 공유하는 인플루언서/친구와의 커뮤니티 활동 등, 일반인을 대상으로 하는 것보다 훨씬 GenZ에게 어필하는 UI와 경험을 제공하기 때문이다. 그들의 인기 검색주제는 최신 트렌드/Meme, 패션, 뷰티, 음악, 상품검색 등으로 나타나고 있다. 틱톡의 '24 광고매출은 86억불로 전망되어 아직 점유율이 높지는 않지만, 미래에 플랫폼 시장 변화와 빅테크간 경쟁의 중심점이 될 잠재력이 있는 분야중 하나가 소셜 미디어 플랫폼임은 분명해 보인다.

한편 메타를 비롯한 소셜미디어 플랫폼은 생성형 AI를 활용하기 위한 다양한 시도를 하고 있다. 대화상대가 되는 에이전트, 콘텐츠의 생성, 유저의 아바타 만들기 등을 예로 들 수 있다. 이는 GenZ가 소셜미디어를 기반으로 더욱 다양한 활동을 할 수 있게 도울 수 있을 것이다. 이를 기반으로 좀 더 상상해본다면, 미래의 소셜미디어는 사람들 간의 상호작용만으로 이뤄진 공간을 넘어 진화할 수 있다. 예를 들어 **메타버스와 같은 가상의 공간에서 사람과 그 사람의 AI 에이전트들이 섞여서 이루는 커뮤니티**가 될 수도 있다. 인간과 인간, 인간과 AI, 심지어 AI 간의 상호작용이 다양한 형태로 이루어지는 공간, 여기에서 각종 콘텐츠가 만들어지고 공유되며, 사람이 직접 올리는 게시물과 그 사람의 AI 에이전트가 스스로 판단하여 올리는 것이 혼재하고 있을 것이다. 기업의 에이전트가 올리는 맞춤형 광고와 다양한 형태의 상거래가 일상적 소셜 활동과 구분할 수 없는 형태로 이루어지기도 할 것이다.

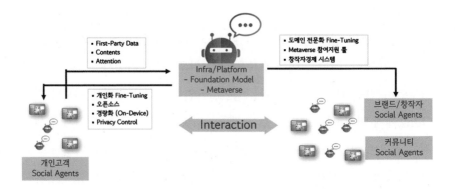

[그림 11] 생성형 AI와 메타버스 기반의 소셜미디어의 가설적 미래

또한, 지금 LLM 기반으로 새로이 만들어지고 있는 플랫폼도 역시 이런 기존 플랫폼 경계를 넘어선 디지털 시장 구도변화의 중심점이 될 수 있다. ChatGPT는 빠르게 확장되고 있던 플러그인 스토어를 '24년 4월에 GPT's로 개편하였다.

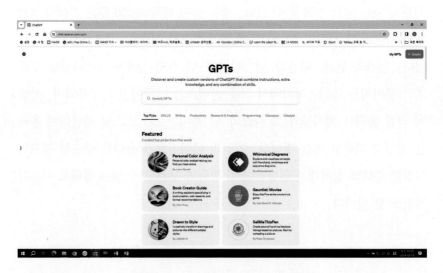

[그림 12] GPTs(출처: ChatGPT 홈페이지)

GPTs는 OpenAI가 이용자들로 하여금 ChatGPT를 사용하여 개인화된 맞춤형 챗봇을 쉽게 만들 수 있도록 한 서비스이다. 자기 데이터를 사용해 추가적 학습을 시키고 작동지침을 부여하며, 필요한 특정 스킬을 장착시킬 수도 있다. 쉽게 얘기하면, 코딩을 할 필요 없이 만들 수 있는 앱인 것이다! 이 도구들을 이용자 혼자만 사용할 수도, 기업 내부에서만 사용할 수도, 또 일반 앱과 같이 고객들에게 제공할 수도 있다. 결국 ChatGPT 기반의 앱 스토어가 새로이 만들어지는 것이다. 특히 **코딩 기술이 전혀 없어도 (이른바 'No-Code' 방식) 누구나 '개발자'가 될 수 있는 형태**로 말이다. 이렇게 대화 UI를 기본적으로 갖추고 검색성능이 향상되고 있는 LLM 챗봇에 여러 가지 기능이 더해진 앱들이 증가하면, 플랫폼 시장에 또 다른 유력한 경쟁자로 자리매김하게 될 수도 있을 것이다. 한편 이런 환경이 본격화되면 비즈 아이디어나 창의적 생각을 쉽게 경제활동으로 연결시킬 수 있는, 이른바 창작자 경제(Creator Economy)가 더욱 촉진될 수도 있다.

생성형 AI와 플랫폼 경쟁의 미래, Super Gateway

이렇게 그간 영역별로 공고하던 각 플랫폼들의 지위는 특히 LLM을 레버리지로 삼아 서로 간의 경쟁에 의해 조금씩 변화를 겪게 될 가능성이 높다. 그렇다면 앞으로 펼쳐질 디지털 시장 경쟁에서 핵심적 역할을 하는 승부처는 무엇이 될까? 필자는 결국 사람들이 어떤 니즈를 가졌을 때 어느 플랫폼을 가장 먼저 방문하여 자신의 니즈 해결을 시작하는지, 즉 **'최초 고객 접점'을 누가 장악하는지가 이런 경쟁의 최종 승부처**가 될 가능성이 높다고 생각한다.

이 경쟁에 뛰어드는 기업은 검색, 상거래, 소셜 등 각자가 강점을 가진 (그리고 많은 고객기반을 보유한) 출발점에서 시작하여 고객의 모든 전반적 니즈를 파악하고, 자연어로 대화하면서 최종 해결책까지 제공할 수 있는 플랫폼으로 진화하려고 할 것이다. 이런 플랫폼은 결국 '개인화된 디지털 에이전트(PDA: Personal Digital Agent)'의 역할을 하는 것이다. 미래의 디지털 시장은 이런 에이전트 간의 경쟁으로 귀결될 가능성이 있다. 여기에서 승리하기 위해 물론 가장 중요한 것은 고객접점의 장악이다. 이 접점을 통해서 고객이 다른 플랫폼을 굳이 방문할 필요 없이 모든 서비스에 도달할 수 있는 관문, 즉 '수퍼 게이트웨이(Super Gateway)'가 되는 것이다.

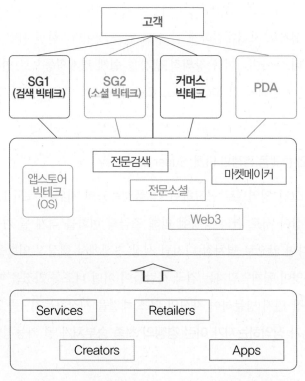

[그림 13] 최초 고객접점을 향한 미래의 가설적인 수퍼 게이트웨이 경쟁구도

구글, 메타 등의 기존 빅테크 플랫폼들은 물론, 빌 게이츠의 마이크로소프트가 OpenAI에 거대한 자금과 리소스를 투자하고 비즈 협력을 하며, 일론 머스크가 트위터를 인수하여 X라는 플랫폼을 만들고 별도의 AI 자회사를 설립한 행동들이 잠재력이 엄청난 이런 수퍼 게이트웨이, 혹은 PDA를 준비하려는 포석으로 볼 수 있다. 빌 게이츠는 앞서 언급했듯이, '인공지능 시대의 개막'이라는 제목의 유명한 블로그 글[69]을 통해 디지털 개인비서를 만들고자 하는 자신의 오랜 꿈이 생성형 AI의 출현으로 실현에 가까워졌다고 말한다. 개인의 모든 일을 대신해주거나 도와주고, 기업차원의 에이전트가 만들어지면 생산성을 크게 향상시킬 수 있다는 것이다.

기존의 플랫폼 강자들은 이와 유사하나 약간 다른 꿈을 꾸었다. 이른바 '수퍼 앱(Super App)', 즉 하나의 플랫폼 내에서 사람들이 필요로 하는 모든 서비스를 제공하는 앱이 되고자 하는 목표이다. 기존의 플랫폼에서 많은 이용자와 트래픽을 모은 후, 수많은 관련 앱들을 차차 포괄함으로써 보다 광범위한 수익원을 만들기 원하는 것이다. 다양한 서비스의 이용자로부터 확보한 거대한 트래픽과 이용자 데이터가 어떤 고객의 니즈를 보다 전방위적으로 파악하는 데에 사용될 수 있고, 그러면 이용자가 원하는 서비스를 적시에 추천해줄 수 있다. 거기에 편리한 결제기능이나 금융기능까지 더하면, 광고수익, 서비스 수익, 수수료, 금융수익까지 엄청난 수익원을 확보할 수 있는 것이다. 그런데 이렇게 되려면 타 분야의 플랫폼 기업들과의 경쟁을 물리쳐야 한다.

많은 플랫폼 기업들 중에서 수퍼 앱에 가깝게 도달한 사례는 중국의 위챗, 그리고 동남아의 그랩 정도이다. 수퍼 앱도 사람이 필요로 하는 모든

---

69) Bill Gates('23. 3. 21), 'The Age of AI has begun'(https://www.gatesnotes.com/The-Age-of-AI-Has-Begun)

서비스의 관문이 된다는 의미에서 앞에서 말한 수퍼 게이트웨이의 하나라고 볼 수 있다. 하지만 기존에 시도되던 수퍼 앱은 앞서 얘기한 PDA 개념의 수퍼 게이트웨이와는 그 핵심이 다르다고 할 수 있다. 수퍼 게이트웨이를 가능케 하는 핵심 경쟁력의 성격이 생성형 AI으로 인하여 바뀌었다.

생성형 AI야 말로 이용자와 자연스러운 대화를 나누면서 니즈를 파악할 수 있는 최상의 UI이다. 이런 성격을 가진 강력한 무기를 가진다면, 굳이 모든 서비스를 자신이 포괄하여 스스로 수퍼 앱이 될 필요까지는 없다. 고객에게 필요한 다양한 서비스들을 끊김 없이 연결해줄 수 있다면 다른 서비스들이 앞을 다투어 이 플랫폼과 연결되기를 원할 것이기 때문이다. 이렇게 되면 고객접점을 강력하게 장악하는 것만으로도 (아마도 금융기능만큼은 자체적으로 제공하면서) 수퍼 게이트웨이로의 길을 꿈꿀 수 있게 된다. 수퍼 게이트웨이가 되기 위해서 가장 중요한 것은 스스로 보유하고 있는 서비스의 숫지가 아니라, 수많은 **고객의 니즈를 파악하여 필요한 모든 서비스로 연결시켜주는 관문, 즉 게이트웨이의 품질**로 변화하게 된다.

지금까지 디지털시장에서의 플랫폼 경쟁의 현황과 미래를 필자의 시각에서 소개했다. 물론 여기에서 얘기하는 수퍼 게이트웨이 간 경쟁은 미래 디지털시장 경쟁변화 방향에 있어서 하나의 가설적 시나리오일 뿐이다. 수퍼 게이트웨이가 탄생하려면 많은 기술적 난제(이를테면 기존 검색보다 더 높은 비용이 소요되는 AI 검색의 비용효율성 향상, LLM의 성능 향상 등) 해결과 더불어 시장 참여자 간의 협력을 이끌어내어야 한다. 또한 이런 빅테크 간 고객접점 경쟁 시나리오 외에도, 혁신적 스타트업이 다수 출현하여 시장에서 유력한 경쟁자로 자리잡는 시나리오도 디지털 시장에서는 얼마든지 나타날 수 있다. 이런 경쟁의 결과로 디지털 시장의 경쟁이 결과적으로 촉진될 것인지, 아니면 더 집중화된 시장이 될 것인지도 더 면밀한 분석을 통해 답해야 하는 질문이다. 지금까지의 내용을 독자들께서 참고하여 다음으로 소개될 AI 규제 논의방향을 이해하고 평가할 때, AI 기술의 단기적, 중장기적 리스크의 해소 차원뿐만 아니라 디지털 시장의 건전한 경쟁체제라는 측면에서도 접근하시면 좋을 것 같다.

Part II.
인공지능 정책,
어떻게 접근해야 할까?

1. 나라마다 다른 AI 규제 접근법과 규제현황

Intro

이제까지 우리는 AI 기술이 가져올 수 있는 리스크와 이를 통제하기 위한 다양한 견해들, 그리고 AI 기술이 디지털 시장의 경쟁에 미칠 수 있는 영향에 대해서 살펴보았다. 앞에서 보았듯이 AI의 개발과 이용에 관한 통제체계가 마련되어야 한다는 것에 이견을 제기하는 사람은 거의 없다.

그러나 통제체계 마련에 앞서 다양한 문제에 대한 해답을 찾아야 한다.

- 어떤 방식의 통제가 바람직하고, 어떤 분야를 어떤 목표로 규제할 것인가?
- 기술이 아직 미완성 상태인데 앞으로의 바람직한 혁신을 저해하지 않으면서도 필요한 규제를 실행하는 방식이 무엇인가?
- 다수의 경쟁과 소수의 경쟁 간 바람직한 체제는? 지금의 지배적 사업자가 앞으로도 계속 그렇게 유지될 것인가?
- 장기적으로 지속적인 혁신경쟁이 일어나는 체제를 촉진하는 방식은 무엇인가?

이런 질문은 지금까지 테크 분야에 나타난 새로운 이슈들에 대하여 규제를 고민할 때 일반적으로 지적되던 이슈들이다. 그러나 AI 규제는 일반적 기술에 대한 규제보다 더 심각한 고민이 필요하다. 지금까지 보았듯이 그야말로 공전절후의 리스크와 편익이 동시에 예상되고 있는 분야이기 때문이다. 즉, 테크산업 규제 사상 가장 어려운 문제가 우리 앞에 놓여 있다고 할 것이다.

혁신 촉진과 위험 통제가 공히 중요할 때, 전통적 규제이론 차원에서는 여러 가지 해법을 제시하고 있다. 자세한 설명은 이 책의 범위를 벗어나지만, 자율규제, 공동규제, 네거티브 규제, 넛지 규제(Nudge Regulation), 규제 샌드박스 도입 등의 방식이다. 이들 모두 규제목적을 달성함에 있어서 정부의 적극적, 예방적 조치보다는 기업의 자발적 규제준수 동기를 극대화하는 데에 초점을 두고 있다. 그런데 AI 규제는 매우 다양한 성격의 이슈들을 포괄하는 문제이다. 따라서 이중 하나가 전체를 좌우하기 보다는 이 모든 수단들을 적시적소에 고려해야 한다고 생각된다. AI 기술이 아직 초기이고 시장도 어떻게 흘러갈지 몰라, 리스크도 편익도 어떤 것은 당장 나타날 것이고, 어떤 것은 불확실성이 큰 미래에 나타나는 것이다. 사전에 방지해야 할 것, 사후에 피해가 나타나는 경우에만 조치해야 할 것 등이 모두 뒤섞여 있기도 하다.

그럼에도 불구하고, 한 국가 규제시스템의 전체를 관류하는 기본방향을 정하는 것은 매우 유용하며 필수적이다. 각 분야의 구체적 이슈를 해결하기 위한 규제방식을 결정할 때 판단의 나침반이 되기 때문이다. 한 국가의 AI 제도화 방향은 수많은 측면들을 고려해서 결정되는 것이며, 향후 국가산업의 육성방향과 합치되지 않으면 안 된다. 그러기에 더욱 더, 다양한 AI 규제이슈들의 실행에 있어서 기본원칙을 정하고 지켜나가는 것이 모든 시장 참여자에게 규제 불확실성을 최소화하는 방법일 것이다.

아직 유럽을 제외하고는 AI 관련 법제도화가 많이 진전된 국가는 없으나, 지금까지 각국이 천명하고 있는 바를 토대로 보더라도 그 나라 특유의 고민이 엿보이고 있다. EU의 강한 사전규제 위주의 규제방향이 가장 먼저 나온 '통합적' AI 규제이지만, 이보다 시기적으로 앞서 나온 중국의 생성형 AI 규제도 상당히 넓은 범위에 대해 나름의 원칙하에 만든 제도들을 포함하고 있다. 유럽 국가이지만 EU 탈퇴 후 독자적 규제정책을 펼치고 있는 영국은 AI의 초강대국이 되겠다는 목표를 선언하고, 산업혁신에 초점을 둔 AI 정책을 지향하고 있다.

AI 규제와 관련해서 수많은 국가들이 신뢰성 있는 AI 개발을 위해 유사한 원칙들을 선언하고 있다. 그러나 실제 규제의 접근방향은 상당히 다르다. 이하에서 EU, 미국, 영국을 중심으로 현재 논의되고 있는 AI 규제체계를 소개하겠지만, 이들 국가의 접근 중 어느 것도 다른 모든 나라에 적합한 접근이라 말할 수는 없다. AI 규제의 일관성 확보를 위하여 국가 차원에서 바람직한 규제원칙을 천명하는 것은 필요하나, 구체적 규제방식과 규제체계는 그 국가의 상황을 고려하여 정하는 것이 좋을 것이다.

한편 영국의 주도하에 시작된 AI Safety Summit을 비롯하여, AI 규제에서의 글로벌 공조를 위한 노력도 지속되고 있다. 글로벌 차원에서 AI의 중요한 규제원칙들에 대한 컨센서스는 있지만, 어느 부분에서 글로벌 공조가 특히 필요하고 또 집중되어야 할지 지속적으로 논의되어야 할 것이다.

이하에서는 가장 먼저 그간 밝혀진 각국의 AI 규제동향 중 가장 통합적이고 구체화된 EU AI Act의 접근법에 대해 좀 더 상세히 살펴보며, 영국과 미국의 규제방향도 소개하고자 한다. 또한 글로벌 공조 움직임도 간략히 소개된다. 미리 말해 둘 점은 이 책은 개별 규제들에 대한 심층적 논의보다는 일반 독자들의 전반적 이해에 초점을 두고 있으므로, 각국의 AI 규제의 상세한 규제 내용이나 시행방법은 이에 필요한 정도로만 소개될 것이라는 점이다. 보다 세부적 정보가 필요하신 독자는 관련 보고서나 연구논문 등의 심화된 분석자료들을 참조하기 바란다.

가. 유럽: EU AI Act의 탄생 과정과 규제체계

EU 의회는 '24년 3월, 3년여간의 논의를 거쳐 세계 최초의 통합적 AI 규제법인 EU AI Act를 통과시켰다. 수년 전 디지털 전환(Digital Transformation)이 모든 기업과 국가의 중요 어젠다로 등장하여, 전통 산업 중심의 기존 글로벌 경제체제에 큰 전환기가 시작되었다. EU는 역내의 디지털 역량이 미국에 비하여 뒤쳐진다는 인식하에, 디지털 테크 산업에서 EU 경쟁력을 높이고 독과점 폐해를 방지하며, EU 시민의 기본권을 보호하고 문화를 창달한다는 등의 목적으로 대대적 이니셔티브들을 추진하고 있다. 이에 따라 다양한 측면에서의 제도 마련이 전 세계 어디에서 보다 더 신속히 진전되고 있다.

EU가 디지털 시대에 새로이 대두되는 제도적 이슈들을 해결하고 역내 디지털 역량을 촉진하기 위해서 세계 최초로 만든 제도들은 다양하다. 대표적으로 프라이버시 보호와 데이터 기반 산업에 초점을 둔 GDPR(General Data Protection Regulation), 지배적 플랫폼에 대한 강력한 규제제도인 디지털시장법(DMA: Digital Market Act), 플랫폼 시장의 불공정행위 규제를 다루는 디지털서비스법(DSA: Digital Service Act) 등이 있다.

이런 규제들은 세계최초의 법제도들인 만큼, 유사한 취지의 법안을 마련하고자 하는 여러 나라에 레퍼런스로 작용하고 있다. 그런데 이때 무비판적인 수용보다는 EU와는 다른 자국의 상황이 고려될 필요가 있다. EU의 고민 중 하나는 미국 빅테크가 테크 산업의 전반에 있어서 큰 우위를 가지고 있고, 또한 EU 시장마저 상당부분 장악해 나가고 있다는 것이다. 따라서 의도적이던 아니던 간에 GDPR, DMA, DSA 등은 미국 빅테크 플랫폼들의 지배력을 제어하고 EU 자국산업을 보호하기 위한 규제의 성격을 상당부분 포함하고 있다는 지적이 많다. AI 규제법제도인 EU AI Act도 어떤 부분에서는 이런 맥락에서 크게 벗어나 있지 않다는 평가이다. EU와 다른 산업수준을 가지고 있고 다른 정책목표를 가진 국가들은 EU의 법제도를 참고할 때 자국의 차별점을 고려해야만 한다.

EU AI Act 합의과정

EU AI Act는 '21년에 최초로 발의되었다. 당시 법의 초안은 'AI 시스템'의 안전성과 시민 기본권 보호에 초점을 두고 만들어졌다. 이때 AI 시스템이란 간단하게 말하자면 어떤 AI 모델에 UI와 같은 서비스적 요소를 적용하여 이용자가 사용할 수 있게 한 것을 말한다.[70] 법을 관류하는 원칙으로 기술중립성을 천명하였는데, 이는 규제대상 AI 시스템이 어떤 기술로 만들어졌는지와 무관하게 '동일한' 리스크를 가졌다면 동일한 규제를 적용한다는 것이다. 이를 분야마다 다르게 적용되는 규제체계와 구분하기 위해 수평적 규제체계라고도 부를 수 있다.

기술중립성 원칙은 테크 산업에서의 규제에서 자주 고려되는 원칙 중의 하나이다. 이는 규제가 혁신을 저해하지 않기 위해서는 시장기능에 따른 기술간 경쟁과 혁신 경로를 왜곡하면 안 된다는 생각을 담고 있다. 어떤 분야에 여러 혁신기술들이 경합하고 있는 상황에서, 유사한 리스크를 가진 기술 대안들에 대해 A 기술방식에만 규제를 적용하고 B 방식에는 적용하지 않는다면, B가 더 혁신적이지 않더라도 시장과 사회에서 선택될 가능성이 높아지기 때문이다.

---

70) 예를 들면 ChatGPT의 경우 GPT-4는 AI 모델일뿐인데, 이에 대화 UI가 더해져 ChatGPT라는 챗봇이자 하나의 AI 시스템이 된 것이라고 이해하면 된다.

이 원칙에 따라, EU AI Act의 초안은 여러 AI 시스템을 그에 사용되는 기술방식이 아닌 각 시스템이 가진 리스크의 정도라는 기준만으로 저/최소 위험(Low/Minimal Risk), 제한적 위험(Limited Risk), 고위험(High Risk), 수인불가 위험(Unacceptable Risk) 등의 네 가지로 분류하고, 각 유형에 대해 규제를 차등화 하는 접근을 채택했다. AI 시스템의 위험도에 따라 규제내용과 방식, 강도를 적절하게 부과하는 위험기반 규제체계(Risk-Based Regulation)를 채택함으로써 수평적이면서도 기술중립적인 규제체계를 표방하였다.

그런데 법안에 대한 논의가 한창 이어지던 '22년 11월에 생성형 AI가 출현하면서, EU AI Act의 초안이 담고 있는 원칙과 체계가 지속되어도 되는지에 대한 심각한 의문이 제기되었다. 즉, 위험기반의 규제체계와 기술중립적 규제체계가 과연 생성형 AI가 시장의 중심으로 등장한 상황에서도 바람직한지 도전을 받게 된 것이다.

먼저 생성형 AI가 기반으로 하고 있는 AI 모델의 성격이 위험기반 규제체계와 잘 부합하지 않는다는 점이 지적되었다. 앞서 설명한 바처럼, 생성형 AI(Generative AI) 이전에 각 분야에서 다양하게 쓰이던 AI는 대부분 판별형 AI(Discriminative AI)이다. 이는 초기부터 특정한 용도를 '목표(Objective)'로 하여 개발되는 소위 'Narrow AI'이다. 예를 들면 제조라인에서 불량제품을 골라 내는 로봇에 장착된 이미지 인식용 AI와 같은 것들이다. 이런 AI는 해당 제품의 이미지 데이터로 학습된 것으로, 다른 제품라인에는 사용이 불가능하거나 새로이 학습시켜서 사용해야 한다. 판별형 AI 모델은 개발 단계에서부터 특정한 용도의 시스템에 사용되는 것을 목표로 하므로, 실제 사용되었을 때의 위험도를 예상하여 위험도 유형을 분류할 수 있게 된다. EU 법의 초안이 의도하고 있는 체계에 어느 정도

(이 체계 자체에 대한 비판도 있고 이는 조금 후에 소개되지만) 부합할 수 있는 것이다.

그런데 생성형 AI가 기반으로 하고 있는 AI 모델인 LLM(Large Language Model)은 근본적으로 이와 성격이 다르다. LLM의 기술방식을 상세히 소개하고 있는 문헌은 얼마든지 있으므로 이 책의 Part I에서 소개한 내용으로 갈음한다. 중요한 점은, 이 모델은 개발되어 출시된 후에는 개발자도 알 수 없는 다양한 용도로 쓰일 수 있다는 것이다. 이용자가 이 모델을 통하여 할 수 있는 일은 다양하다. ChatGPT, Gemini, Midjourney 등 생성형 AI 서비스들이 지금 얼마나 다양한 용도로 사용되는지에 관해서 굳이 예를 들 필요도 없다. 그래서 EU 당국은 이런 성격을 가진 AI 모델들을 '범용 AI 모델(GPAI: General Purpose AI)'로 칭했다. 현재의 생성형 AI의 기반모델인 LLM이 이의 대표적 사례임은 물론이다. 그러나 LLM이 아닌 다른 기술에 기초하여 개발되는 범용 AI 모델도 향후 얼마든지 나올 수 있다.

AI 규제논의에 있어서 인공지능 모델의 정의 사용

EU법은 범용인공지능(GPAI) 모델을 '대규모 데이터로 자기감독 방식으로 학습된 AI 모델로, 상당수준의 일반성을 보이며, 시장에 출시된 방식과 무관하게 넓은 범위의 작업을 수행할 수 있고, 다양한 하류 시스템이나 응용프로그램에 통합될 수 있는 모델'로 정의한다. 다만 R&D나 프로토타입을 위해 시장에 출시되기 전의 모델은 제외된다.

원어: 'General purpose AI model' means an AI model, including when trained with a large amount of data using self-supervision at scale, that displays significant generality and is capable to competently perform a wide range of distinct tasks regardless of the way the model is placed on the market and that can be integrated into a variety of downstream systems or applications. This does not cover AI models that are used before release on the market for research, development and prototyping activities.(출처: EU AI Act('24. 2. 2) Article 3(Definitions) 44b)

아마도 GPAI 모델보다 기반모델(Foundation Model)이나 LLM이라는 용어를 접한 독자가 더 많을 것이다. 기반모델이라는 용어는 스탠포드 대학의 '인간중심 인공지능 연구소(HAI: Human-Centered Artificial Intelligence)'에서 '21년 8월 만들어낸 용어이다. HAI는 기반모델을 '광범위한 데이터를 통상 자기감독 방식으로 학습시켜 다양한 하류부문 과업에 적합하게 파인튜닝 될 수 있도록 개발된 모델[any model that is trained on broad data(generally using self-supervision at scale) that can be adapted(e.g., fine-tuned) to a wide range of downstream tasks]'이라고 정의하였다.

정의 측면에서만 보면, 이는 EU의 GPAI 개념과 유사해 보인다. 그러나 기반모델은 현재의 LLM처럼 기술적으로 심층신경망, 전이학습, 자기감독 학습 등의 기술을 사용하여 개발되는 모델을 뜻한다. 따라서, 기반모델이란 현재의 최신기술을 반영한 GPAI의 대표사례라고 생각하면 될 듯하다. 한편, HAI가 이 부류의 모델을 칭하는 용어로 LLM 대신 기반모델이라는 용어를 사용하기로 한 이유 중 하나는, LLM이 언어 이외에 이미지, 음악, 동영상 등 다양한 분야의 용도로 개발되고 사용될 수 있음에도 불구하고 LLM이라는 용어는 너무 언어중심의 용어이기 때문이라고 하고 있다.

정리하면, (우리 일반인의 이해수준으로는) 기존에 통용되던 용어인 LLM과 기반모델은 유사한 개념이고, 기반모델은 EU가 규제대상으로 하는 모델 개념인 GPAI 모델의 대표사례라고 생각하면 충분할 듯하다. 실제로 글로벌 차원의 AI 규제 협력 어젠다 중의 하나는 이러한 용어의 통일이다. 좀 더 국제적으로 합의된 엄밀한 정의가 나오기 전까지, 이 책의 독자들께서는 기반모델이나 LLM, GPAI, 또는 이와 유사한 개념을 가진 용어들이 나올 때 큰 차이를 두지 않아도 이해에 어려움이 없을 것으로 판단된다.

기존의 Narrow AI 시스템의 경우 모델이 지닌 위험도와 AI 시스템의 위험도가 동일하므로 모델 개발과정에 대한 규제가 별도로 구분되지 않는다. AI 시스템에 대한 규제가 곧 모델에 대한 규제가 되는 것이다. 그러나 **범용모델인 GPAI 모델의 경우 모델단계에서는 향후 AI 시스템으로 사용되**

었을 때의 위험도 예측이 불가능하다. 화학교육에 특화된 형태로 파인튜닝 된 GPAI 모델이 어떤 이용자에 의해 생화학 무기 개발에 활용된다면 어떻 게 될까? EU AI Act 초안에서의 위험도 기반 규제체계의 적용과 합치되 지 않는, 그렇지만 무엇보다 중요한 규제이슈가 될 수밖에 없는 대상이 갑 작스럽게 나타난 것이다. 따라서 GPAI 모델에 대해 규제를 하는 것이 타 당한지, 한다면 어느 정도 강도의, 어떤 내용의 규제가 필요한지가 치열한 논쟁대상이 되었다. 또 기존의 위험도 기반 규제원칙과 어떻게 절충하여 새로운 규제법안을 만들 것인지도 EU 당국의 큰 고민거리가 되었다.

법안의 통과에 시한이 정해져 있는 상황이었으므로, EU는 급히 생성형 AI 관련 규제법안을 마련하여 '23년 6월에 발표하였다. 일단은 전체 규제 체계의 일관성에 신경을 쓰기보다는, 기존의 위험도 기반 AI 시스템 규제 체계에 더하여 별도로 GPAI 모델 개발과 공급 관련자에 대한 의무를 단순 히 추가한 형태였다. 여러 가지 쟁점에 대한 치열한 재검토와 회원국 간 합 의를 거치는 과정에서, 법안 폐기 데드라인을 목전에 둔 시점에 법안 자체 의 존립에 위기가 될 수 있는 사건도 있었다. EU 회원국들 중 가장 영향력 도 크고 AI 산업 수준도 상대적으로 높은 프랑스, 독일, 이탈리아 등 3개 국이 협상에서 이탈을 선언했다고 보도된 것이다. 그 이유는 바로 앞서 언 급한 GPAI 모델 규제안이 너무 강해서 그들 국가 기업의 혁신을 저해한다 는 것이었다. 그러나 막판 3일간의 숨가쁜 협상을 통해 그 국가들의 요구 에 대한 절충안을 제시하고, 또 어느 정도 위험도 기반 규제체계의 성격을 유지한 형태로 최종안을 마련하여, 결국 '23년 12월에 회원국 간 최종합 의안을 도출하게 되었다.[71] 그리고 '24년 3월에는 최종적으로 법안이 EU 의회를 통과한 것이다.

---

71) 앞서 소개한 바와 같이 이런 숨가쁜 시점에 OpenAI CEO의 해임 및 복귀 사건이 있 었다.

EU의 법이 통과되었지만 모든 내용이 즉각적으로 시행되는 것은 아니고 **규제내용별로 단계적으로 발효**된다. 예를 들어 시장출시가 금지되는 AI는 6개월, 투명성 의무와 GPAI 모델 규제는 12개월, 출시 후 모니터링 제도는 18개월 후, 전체 규제는 2년 후에 발효된다.[72] 또 향후 특히 AI의 안전성과 관련된 기존 법제도들의 개정, 각 회원국의 법안에의 반영, 세부 규제기준을 마련하는 등의 절차를 거쳐야 한다.

다만, EU는 법 통과후 주요 AI 기업들과 'AI Pact'를 체결하는 등 보다 신속히 규제효과를 발휘하기 위한 시도들을 하고 있다. AI Pact는 법의 발효 전에 기업들이 규제기관과 함께 미리 규제이행을 준비해 나가게 하기 위한 프로그램이다. 자발적 참여 기반이고 규제의무 이행에 필요한 구체적 조치들을 규제기관과 협의하며 진행할 수 있어, 기업의 규제관련 불확실성을 줄일 수 있으며 규제기준의 정립에도 기여할 수 있을 것으로 EU는 기대하고 있다. '24년 상반기에 참여희망 기업들과 함께 다양한 아이디어를 모으고 논의할 예정이다.[73] 한편 구글은 이미 '23년 5월 이에 참여의사를 밝힌 바 있다.[74]

EU AI Act의 체계와 핵심내용

최종적으로 통과된 EU AI Act의 규제체계는 간략하게 다음 그림과 같이 정리될 수 있다. 그림 내의 규제 내용에 관한 좀 더 상세한 설명은 다음 장으로 미루고, 여기에서는 전체적인 체계에만 주목해보자.

---

72) 다만 고위험 AI 규제중 Annex Ⅲ에 규정된 의무는 36개월 후 시행 예정이나 상세한 내용은 생략한다.

73) 출처: https://digital-strategy.ec.europa.eu/en/policies/ai-pact

74) 참조: https://www.reuters.com/technology/eu-google-develop-voluntary-ai-pact-ahead-new-ai-rules-eus-breton-says-2023-05-24/

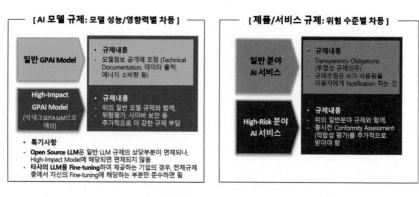

[그림 14] EU AI Act의 규제체계

우선 최종적으로 마련된 EU AI Act의 대표적 속성을 몇 가지 살펴보자. 첫째, AI의 가치사슬에 존재하는 모든 플레이어를 법 적용대상으로 한다. 이에는 모델의 개발자(Developer), 모델이나 서비스의 제공자(Provider), 외국의 모델이나 서비스의 수입자(Importer), 모델이나 서비스를 시장에 도입하는 배포자(Distributor)와 이를 이용하는 이용자(User 또는 Deployer로 표현) 등을 모두 포괄한다. 각 플레이어의 의무는 가치사슬에서의 역할에 따라 비례적으로 부과된다. 예를 들어 직접 LLM을 개발하는 것이 아니라 타 기업의 LLM을 수입하여 파인튜닝해서 배포한 플레이어들의 경우, 자신이 관여한 파인튜닝 부분에 대해서만 규제 의무를 이행하면 된다.

둘째, GPAI 모델을 두 부류로 구분하여 차등적 규제를 부과하였다. 다만 앞서 언급한대로 모델의 용도가 범용이므로, AI 시스템의 경우처럼 이용분야별 위험도를 기준으로 분류할 수는 없다. 따라서 EU는 GPAI 모델을 일반적 모델과 향후 더 심각한 위험을 야기할 수 있는 모델로 구분하기로 하였다. 후자의 모델을 **고영향(High-Impact) GPAI 모델**이라고 칭하였다. 이는 최고수준의 성능을 가진 모델로서, 구체적 지정기준은 일반 모델의 학습에 소요된 누적 컴퓨팅 량으로 삼았다. EU는 이런 최고성능의 모델이 가치사슬 전반에 이른바 '시스템적 리스크'(이 책의 앞 부분에서 설명한 초 인공지능이 초래할 수 있는 위협과 유사한 개념으로 이해된다)를 가져올 수 있으므로 더 추가적인 강한 규제의무 부과가 필요하다고 지적하고 있다.[75] 일반 모델에는 주로 모델관련 정보를 공개하도록 하는 '투명성(Transparency)'에 초점을 둔 의무를 부과하는데, 고영향 모델은 이에 더하여 모델 출시 전에 반드시 '위험도 평가(Risk Assessment)'와 같은 검증을 받아야 EU 시장에 출시되거나 이용될 수 있다. 또, 출시된 이후에도 지속적 모니터링의 대상이 된다.

셋째, **오픈소스(Open Source) 방식으로 공개되는 GPAI 모델의 경우 규제가 완화**된다. 고영향 모델이 아닌 오픈소스 모델에는 일반 모델에 부과되는 투명성 의무의 상당부분이 면제되는 것이다. 이는 오픈소스 방식 자체가 모델의 투명성을 상당부분 보장하기 때문이다. 다만, 어떤 오픈 소스 모델이 또한 고영향 모델에 해당한다면 이런 예외가 적용되지 않는다.[76] 오픈 소스 모델에 대한 규제완화는 주로 EU AI Act의 모델 규제에 대해 강력히 반발하였던 유럽 3국의 입장이 반영된 것으로 보인다. 그들 국가의 AI 기업들이 오픈소스 LLM을 활용한 모델개발 방식을 많이 활용하는 것으로 알려지기 때문이다. EU 법에서는 또한 **역내 AI 분야의 혁신**

---

75) High Impact GPAI 모델: 학습에 소요된 누적 컴퓨팅량이 10^{25} FLOPs 이상 되는 모델들이 이에 속한다고 간주되며, 실질적으로는 현재의 SOTA LLM들이 포함된다고 받아들여지고 있다. 다만 최근의 SOTA LLM들의 학습에 어느 정도 컴퓨팅량이 소요되는지는 공개되지 않는 경우가 많으므로, 향후 규제기관이 지정기준을 보완하고 최종적으로 지정하게 된다. 고영향 모델 규제를 별도로 부과하므로 모델 규제체계도 일종의 위험도 기반 규제체계라고 불리기도 한다.

76) 대표적 오픈소스 모델인 메타의 Llama의 경우 매개변수 숫자가 다른 여러 가지 버전으로 출시되고 있는데, 이 중에서 SOTA LLM에 해당되는 최고성능 버전은 어떤 규제를 적용 받게 될지가 향후 주목되는 점 중 하나이다.

주체로서 스타트업이나 중소기업의 역할을 중시한다고 명시하고 있는데,[77] 오픈소스 모델에 대한 규제완화는 이런 측면에서도 EU에게 중요한 의미를 가질 것이다. 한편 이들에게는 규제 샌드박스[78] 제도를 두어 혁신활동에 활용할 수 있게 하기도 하였다.

넷째, AI 시스템에 대한 위험도 기반의 규제는 먼저 (그림에는 생략되어 있지만) 도입이 아예 금지되는 유형과 아무 규제도 받지 않는 유형을 지정하였다. 그림에서 일반 AI 서비스로 표현된 것은 기존 초안의 제한적 위험 AI 시스템에 준하는 유형으로, 앞의 일반 GPAI 모델과 유사하게 투명성에 초점을 둔 의무들이 부과된다. AI 시스템 규제의 초점인 고위험 시스템에 대해서는 이에 추가하여 출시 전 '적합성 평가(Conformity Assessment)'를 필히 받도록 한 것이 핵심적 규제라고 보면 된다. 고위험 시스템에는 제품 안전 중요 분야(기계, 자동차, 의료기기 등), 핵심기반시설(교통/수도/가스/난방/전력 등) 분야, 교육직업훈련, 채용, 인사관리, 공공/민간 필수 서비스접근, 법 집행, 출입국관리 등의 분야에 사용되는 AI 시스템이 포함된다.

---

77) EU AI Act(77) 항의 다음과 같은 표현에서 이를 읽을 수 있다. 'In order to promote and protect innovation, it is important that the interests of SMEs, including start-ups, that are providers or deployers of AI systems are taken into particular account.'

78) 우리나라 정부에서는 '사업자가 신기술을 활용한 새로운 제품과 서비스를 일정 조건 하에서 시장에 우선 출시해 시험·검증할 수 있도록 현행 규제의 전부나 일부를 적용하지 않는 것을 말하며 그 과정에서 수집된 데이터를 토대로 합리적으로 규제를 개선하는 제도'라고 설명하고 있다. (출처: https://www.sandbox.go.kr/zz.main.PortalMain.laf)

EU AI Act의 규제 스탠스 평가

EU AI Act가 지향하는 규제방향은 어떻게 평가될 수 있을까? 우선 규제의 목적이라는 측면에서 보면, EU의 AI 규제는 안전성 확보와 EU 시민 기본권 보호에 초점이 있다. 물론 혁신촉진이라는 목표를 강조하지만, 특히 스타트 업이나 중소기업에 의한 혁신의 중요성을 강조하고 있다. 전체적으로 보면 법제도의 초점이 미국과 같이 대규모 투자를 통한 혁신을 본격적으로 추진하는 것보다는 **EU 기업의 AI 분야 현실에 맞는 방식을 지원**하면서 AI 기술의 잠재적 피해방지에 더 비중을 두고 있는 것으로 보인다.

EU AI Act에 대한 비판은 그 목표보다는 구체적 규제방식에 대한 것들이 많다. EU는 먼저 전체적으로 모델과 서비스의 시장 출시 전에 많은 규제의무를 부과하는 사전규제 중심의 규제방식을 채택하고 있다. 아래에서 살펴보겠지만, 일반 모델이나 AI 시스템에 대한 투명성 의무, 고영향 모델에 대한 위험평가 및 고위험 시스템에 대한 적합성 평가 등은 수범자의 컴플라이언스에 상당한 부담을 줄 수 있는 내용을 가지고 있다. 이러한 예방에 중점을 둔 사전규제 접근법에 대해서는 다양한 비판이 존재한다.

먼저, 이런 평가를 통한 인증제도를 운영할 것인지, 운영한다면 규제방식에 있어서 어느 정도의 비중을 두는 것이 좋을지 고민할 필요가 있다. AI 시스템의 리스크는 사전인증 이후에 시장에서 이용되면서 보다 구체적으로 나타날 수 있어 인증 자체보다는 인증을 받은 이후 서비스를 운영하는 기업의 자체적 관리가 더욱 중요할 수 있다. AI 시스템과 같은 혁신적 서비스에는 사전규제보다는 행동강령을 제시하고 준수하게 권고하는 등의 완화된 연성규제를 적용해 시장출시의 부담을 줄여주는 것이 바람직하다. 이와 더불어 출시 후에 문제가 발생한다면 사후규제를 부과하는 것에 중점을 둔 규제체계를 고려해야 한다. 인증제도가 AI 시스템의 시장출시 유인을 저해하거나, 일부 기업이 자칫 사후적 리스크 관리보다는 인증을 받는 데에 더 초점을 둔 기술 관리 체계를 구축하게 되지 않도록 주의를 기울여야 한다.

또한 고위험 시스템에 대한 개념적 정의에 부합하기만 한다면 실제 특정 시스템이 일으키는 리스크가 모두 다름에도 불구하고 동일하게 수많은 규제의무가 부과되는 체계도 많은 전문가의 비판대상이다. 앞서 EU의 수평적 규제체계가 '동일한' 리스크의 AI 시스템에 동일한 규제를 부과하는 체계라 소개했는데, 고위험으로 넓게 분류되는 각 AI 시스템이 과연 정확히 동일한 성격의 리스크를 가지고 있을까? 이런 AI 시스템은 범용적 성격을 가진 것이 아니라 개발 당시부터 서비스의 의도가 명확한 경우가 대부분이다. 범용 모델에 대한 규제는 별도로 고려하면 되는 것이다.

리스크나 제기하는 이슈가 각각 다른 AI 시스템에 포괄적으로 동일한 의무를 부여하면, 혁신활동을 저해하는 과도한 규제로 작용할 수 있다. 예를 들어 자동차, 의료기기, 채용에 관련된 AI 시스템이 모두 고위험 시스템으로 분류되어 있는데 어떤 시스템은 안전성이, 어떤 시스템은 편향성이 주로 우려되는 이슈라고 할 수 있다. 이에 따라 AI 시스템의 정보 공개나 시스템 투명성 확보에 관한 행동강령도 그 이슈에 한정된 것에 집중하고 최소화할 수 있을 것이다. 기술중립성 자체는 고려할 수 있는 규제원칙이지만, EU의 AI 시스템 규제는 위험분류를 너무 선험적으로, 넓게 접근하고 있다는 비판이 제기될 수 있다.

조금 다른 측면에서 제기되는 EU AI Act에 대한 비판적 의견은, 이 법이 주로 시장에 출시된 상업적 AI 서비스와 모델을 규제의 대상으로 삼고 있는 점을 지적한다. 현실적으로 더욱 큰 위험은 시장이 아닌 음성적 경로로 AI를 딥페이크나 피싱 등에 악용하는 사람들로부터 생기는데, 현재의 법은 이를 놓치고 있다는 주장이다. AI의 악용행위와 그로 인해 나타나는 우려와 피해에 대해서도 적절한 제도를 통한 사후적 규제가 보완될 필요가 있다.

EU AI Act는 AI 규제에 대하여 현재 시점에서 검토될 수 있는 이슈들을 대부분 포괄하고 있고, 또한 정보보호법, 저작권법 등 관련된 법제도들에 개선방향을 제시하는 내용도 포함되어 있다. EU는 업계와 협의하여 다양한 규제기준을 표준화하고 있기도 하다. 이런 내용들이 현재 AI 규제를 고민하고 있는 각국 정부에 레퍼런스로 쓰일 수는 있다. 그러나 앞서 설명한대로 구체적인 규제강도나 내용은 EU만의 AI 산업 정책목표와 시장의 상황을 고려하여 설정된 것이므로, 다른 나라에는 그야말로 참고용 이상의 의미가 되어서는 안될 것이다.

EU 회원국 가운데에서도 프랑스, 독일, 이탈리아 등은 마지막까지 자국의 인공지능 산업 육성을 위해 치열하게 반대하고, 그 결과 오픈소스 모델 규제완화라는 성과를 이뤄낸 것을 주목해야 한다. 특히 프랑스의 미스트랄 AI는 이후 성능이 뛰어난 것으로 평가되는 자체 LLM을 오픈소스 방식으로 출시, MS와 파트너십을 맺고 챗봇이 애저*Azure*에 ChatGPT와 함께 탑재되는 등,[79] 올바른 규제정책 수립을 위한 노력이 혁신활동에 미치는 영향을 극명하게 보여주고 있다. AI 산업은 미래 국가경쟁력을 좌우하게 될 것이므로, AI 기술의 리스크에 공동대응 하면서도 각국은 치열한 글로벌 경쟁의 관점에서 접근하고 있다. 이는 심지어 EU 회원국 사이에서도 목격할 수 있는 현상인 것이다.

---

79) 출처: https://biz.chosun.com/it-science/ict/2024/02/29/PKAAWO4F5NEZ3FKXX3KMRPPZ4M /?utm_source=naver&utm_medium=original&utm_campaign=biz

한편, 이 책의 Part I에서 AI 규제에 대해서 백인백색의 견해가 존재한다고 한 바 있다. 이런 관점에서는 EU AI Act가 지향하는 규제방향을 어떻게 평가할 수 있을까? EU는 규제대상으로 각종 현실적이고 제도적인 이슈와 미래의 시스템적 리스크에 대한 통제장치를 포괄하고 있다. 따라서 EU가 AI 리스크에 대해 취하는 시각이 앞에서 구분된 견해 중 어떤 하나에 속한다고 말하기 어려우며, 각 전문가들이 지적하는 AI 관련 리스크를 모두 고려한다고 볼 수 있다. 그러나 모든 이슈에 대해 상당히 사전적, 예방적 접근을 취함으로써, 시장에서 AI 시스템 출시의 자유도는 상대적으로 위축될 소지가 크다는 점을 지적할 수 있을 것 같다.

EU의 AI 규제와 빅테크 플랫폼 규제의 관계

생성형 AI 경쟁을 주도하고 있는 기업들 중에는 기존에 디지털 시장을 주도하던 구글, 메타 등의 빅테크 플랫폼 기업들이 있다. 그러나 생성형 AI는 관련 앱들을 기반으로 또 다른 거대 플랫폼화 되고 있으며 새로운 강자들을 만들고 있다. 대표적 사례가 생성형 AI의 절대강자 중 하나인 OpenAI이다. 또한 OpenAI와 긴밀한 동반자 관계인 마이크로소프트는 오랜 기간 동안 플랫폼 구축에 실패해오다가, 생성형 AI를 기반으로 MS Copilot, Bing 등을 통해 플랫폼의 꿈에 가깝게 다가가려고 하고 있다. 반면 기존의 플랫폼 강자들 중에는 애플, 아마존 등 아직 생성형 AI 경쟁에서 주도적이지 못한 플랫폼들도 있다. 따라서 생성형 AI로 인해 디지털시장의 경쟁구도가 변화함에 따라 펼쳐질 규제환경을 정확히 바라보려면, AI 규제와 더불어 플랫폼 규제에 대해서도 이해하는 것이 좋을 듯하다.

생성형 AI의 등장 훨씬 이전부터, 플랫폼 시장에 존재하는 독과점화 경향, 그리고 실제 집중화되고 있는 디지털시장의 경쟁상황을 우려한 규제가 시도되어 왔다. 미국에서는 유명한 하원 조사보고서('20년의 Cicilline Antitrust Report on Competition in Digital Markets)를 기반으로 몇 개의 '독점종식을 위한' 법안들이 제출되었다가, 치열한 논쟁 끝에 폐기된 바 있다. 그러나 유럽에서는 실제 강력한 플랫폼 규제법으로 실현되었다. 바로 디지털시장법(DMA: Digital Markets Act)이다. 이 법은 특히 시장에서 지배적인 위치를 차지하는 대형 플랫폼들이 경쟁을 제한하거나 소비자의 선택권을 제한하는 행위를 규제하는 것을 목표로 하며, '22년에 통과되고 '24년 3월 7일부터 발효되었다. '80년대 중반 이후 오랫동안 전 세계의 경쟁법에 큰 영향을 미쳐왔던 것은 시장기능을 중시하는 이른바 신자유주의 또는 시카고 학파적 접근이다. 그러나 앞의 시도들은 플랫폼시장의 경쟁문제의 특성이 기존 경쟁법 접근으로 어려울 수 있다는 것을 이유로 들면서, 경쟁법 탄생의 초기에 큰 영향을 주었던 미국 대법관 브랜다이스의 규제철학으로 회귀하는 움직임으로 해석되고 있다.[80] 특히 미국 빅테크의 시장지배력을 우려하는 유럽 규제당국은 이를 법제도로까지 구현한 것이다. DMA는 강력한 대형 온라인 플랫폼들을 이른바 '게이트키퍼(Gatekeeper)'로 지정하고 규제한다. 게이트키퍼는 경쟁자와의 데이터 공유 및 서비스 간 상호운용성을 보장해야 한다. 예를 들어 랭킹, 쿼리, 뷰데이터에 대해 모든 제3의 온라인검색엔진 제공사업자들이 요청하면 공정하고 합리적이며, 비차별적 조건으로 액세스를 제공하여야 한다. 또한 자사의 서비스나 제품을 경쟁자보다 우선적으로 표시하거나 추천해서는 안 되며, 사용자들이 자신에게 더 유리하거나 선호하는 제품이나 서비스를 선택할 수 있도록 보장해야 한다. 경쟁 서비스의 사용 방해나 자사 플랫폼에서의 우선적 위치를 이용한 강요 등 시장에서의 지배적 위치를 이용한 불공정 행위도 금지된다. 이상과 같은 규제를 위반하면 전 세계 매출의 최대 10%까지 벌금이 부과될 수 있으며, 반복해서 위반하는 경우 기업 분할 등 더 엄격한 조치도 취해질 수 있도록 규정하였다.

현재 DMA가 규제대상으로 삼고 있는 것은 생성형 AI 이전의 핵심 플랫폼 서비스들이다.[81] 아직은 생성형 AI를 기반으로 거대 플랫폼이 된 사례가 없으므로 이 규제대상에는 포함되지 않고 있다. 그러나 현재의 게이트키퍼들이 생성형 AI를 각자의 플랫폼 서비스에 체화하고 있고 앞으로 더욱 그렇게 할 가능성이 높으므로, 이들에게는 DMA의 규제와 더불어 당장 EU AI Act의 규제의무들이 추가적으로 적용될 수 있다.

---

80) 1910년대의 대법관인 L. Brandeis는 반독점법 제정 초기의 규제철학을 제공한 것으로 유명하다. 그는 민주주의와 경제력 집중은 양립 불가하다는 생각 하에, 독점구조의 형성을 방지하기 위한 강한 구조적 규제를 중시하였다. "성공적 민주주의 하 시민은 자유로워야 합니다. 다른 사람의 독단에 경제적으로 의존하는 사람은 자유롭지 못합니다. 따라서 노동자의 자유는 만일 자만에 찬 경제적 파워가 존재한다면 보장될 수 없습니다.(Brandeis, 1915, True Americanism)"

81) '24년 3월 기준 게이트키퍼로 지정된 서비스들은 구글, 애플, MS, 메타가 제공하는 OS, 브라우저, 앱마켓, 검색, 소셜 미디어 등 10여개의 서비스이다.

참고로, 게이트키퍼들은 생성형 AI의 기능을 사용함에 따라 DMA의 규정을 지키는 것이 까다로워질 가능성도 있다고 생각된다. 예컨대 LLM의 성격을 고려할 때, 자사 서비스를 챗봇이 우선적으로 추천하지 못하게 만들려면 어떤 기술적 조치를 취해야 할까? 앞서 설명한 LLM이 답변을 도출하는 메커니즘을 되새겨 보면, 이를 실행하는 방식이 간단치 않을 수도 있음을 짐작할 수 있다. DMA의 규제기준도 생성형 AI를 고려하여 보다 명확해질 필요가 있지 않을까 생각하게 된다. 물론 DMA와 같은 매우 강력한 플랫폼 규제가 다른 나라에도 필요한지는 각국의 시장상황을 고려하여 결정되어야 함은 말할 필요 없다.

나. 영국의 혁신지향적 접근법

영국은 브렉시트 전환기가 종료된 '21년부터 EU와는 다른 규제정책으로 영국의 디지털산업을 육성하겠다는 방향을 천명한 바 있다. '21년 10월에는 '국가 AI 전략(National AI Strategy)'을 발표하였는데, 이는 혁신 친화적 규제, 영국의 경제성장, AI 혜택의 촉진, 글로벌과제 해결 등을 위해 AI의 사용을 전반적으로 확대하겠다고 선언하였다. EU AI Act와는 여러 가지 면에서 상반되는 영국의 AI 규제방향은 '22년 7월 'AI 규제에 대한 혁신친화적 접근'이라는 정부 보고서를 통해 발표되었다.[82] 이후 '23년 3월에는 이런 접근방향을 담은 법안을 의회에 제출하였다.

'22년 7월의 정부 보고서에서 밝히고 있는 영국의 접근법은 EU의 위험도 기반, 기술중립적 규제체계와는 근본적으로 다르다. EU의 법은 앞서 설명된 대로 사전적으로 고위험도의 영역을 지정하고 이에 해당되기만 하

---

82) Department for Digital, Culture, Media and Sport(2022), 'Establishing a pro-innovation approach to regulating AI'

면 모든 AI 시스템에 다양한 규제를 동일하게 부과하는 체계이다. 반면에 보고서는 '모든 AI 기술에 적용되는 번거로운 규칙들보다는, 기술 자체가 아닌 AI의 사용에 초점을 둠으로써 맥락과 결과에 따라 비례적인 규제조치들'을 부과하는 것을 영국의 규제정책 방향으로 제안하고 있다.[83]

영국은 또한 기술의 빠른 발전 속도를 고려하여 애자일(Agile)하고 반복적인 접근을 채택한다고 천명한다. **증거기반(Evidence-base)의 접근**을 통해, 경험으로부터 배우고 또 적응하며 가장 바람직한 규제체계를 정립해 나가겠다는 것이다. 사전적 위험도를 예측하여 시장 출시 전에 적용하는 EU의 규제체계와 달리, 실제 시장에서 이용되면서 발생하는 이슈들의 해결, 즉 사후규제에 초점을 둔다는 것이다. 이렇게 하더라도 **AI 시스템이 지켜야 할 원칙을 천명하는 것은 중요하다.** 세부적 규제기준의 정립에 사용됨은 물론, 기업과 이용자들이 향후 규제 리스크를 피하기 위해 미리 개발과 이용에서 주의할 점을 제시하는 것이기 때문이다.

구체적으로 제시된 'AI의 책임 있는 개발과 사용'에 관한 다섯 가지 원칙은 '안전성, 보안성 및 강건성, 적절한 투명성 및 설명가능성, 공정성, 책무성 및 거버넌스, 그리고 이의제기 가능성 및 보상조치' 등이다. 나아가 법적 규제보다는 지침, 행동강령이나 자발적 조치 등 연성규제(Soft Regulation)를 권장하였다.

위의 다섯 가지 원칙의 상세한 개념은 다음과 같다.[84]

---

83) 전게서 p.9를 참조. 'Instead of creating cumbersome rules applying to all AI technologies, our framework ensures that regulatory measures are proportionate to context and outcomes, by focusing on the use of AI rather than the technology itself.'

84) 전게서 pp.27-32.

- 안전성, 보안성 및 강건성(Safety, security and robustness): AI 시스템은 라이프사이클 전체에 걸쳐 탄탄하고 안전하게 기능해야 하며, 리스크가 지속적으로 식별, 평가되고 관리될 것
- 적절한 투명성 및 설명가능성(Appropriate transparency and explainability): 규제기관이 다른 원칙들(책무성 등)을 점검하기에 충분한 정보를 얻을 수 있어야 하되, 적절한 정도란 AI 시스템이 제기하는 리스크에 비례적이라는 의미
- 공정성(Fairness): AI 시스템은 개인이나 기관의 법적 권리를 침해하거나 불공정하게 차별하지 말아야 하고, 불공정한 시장결과를 창출하지 말아야 함
- 책무성 및 거버넌스(Accountability and governance): AI 시스템의 공급과 사용을 효과적으로 점검할 수 있게 거버넌스가 구축되어야 하며, 라이프사이클 전체에 걸친 책임관계를 명확히 설정하여야 함
- 이의제기 가능성 및 보상조치(Contestability and redress): 이용자, 제3자 및 플레이어들이 AI가 내린 의사결정이나 AI의 행위결과에 의해 피해를 보았을 경우 그 결정에 쉽게 이의를 제기할 수 있어야 함

영국은 이런 원칙에 입각한 규제방안인 AI Rulebook을 '22년 9월에 발표하고, '23년 3월에는 AI 기업과 규제기관의 지침서인 AI 백서도 발표하였다.

이상에서 본 바와 같이 영국의 규제방향은 여러 가지 측면에서 EU와 상이하다. 특히 EU AI Act의 규제체계는 각 AI 시스템의 특성과 무관하게 고위험 시스템으로 분류되기만 하면 동일한 규제를 부과한다. 이에 반하여 영국의 접근법은 맥락기반, 증거기반의 원칙을 통해, 좀 더 각 시스템 특유의 리스크 대응에 필요한 규제만을 식별해서 부과할 수 있는 접근이라고 볼 수 있다. EU처럼 접근하면 좀 더 위험의 소지를 사전적으로 제어할 수 있을지는 모른다. 다만 기업이 자신의 AI 시스템과 무관한 리스크에 대해 과도한 규제의무가 부과되는 경우가 나온다면, 규제의무 이행비용이 과도해지거나 아예 혁신의 의욕을 꺾을 수도 있을 것이다.

각국의 AI 산업에 대한 정책목표와 접근방향은 상이할 수밖에 없다. 또이 책의 앞부분에서 소개했듯이, AI가 제기하는 리스크의 정도와 성격, 그리고 발현 가능성에 관한 매우 다양한 견해가 존재한다. 따라서 어느 규제 접근이 모든 국가에게 일방적으로 유리하다고 판단하는 것은 무리일 수 있다. 다만, 영국의 비례원칙에 입각한 규제 접근방식은 AI 산업의 혁신을 촉진하려는 국가들에게 많은 시사점을 준다는 지적에 귀를 기울일 필요가 있다. [85]

다. AI 규제에 대한 미국의 접근법

AI 산업을 현재 주도하는 국가인 미국은 연방정부 차원의 통합적 AI 규제법안은 아직은 제정되지 않았다. 기존에 의회가 제출한 '알고리즘 책무성 법안'은 2회에 걸쳐 회기 만료로 인해 폐기된 바 있다. 그러나 다양한 이슈에 대해 적용될 수 있는 기존의 법제도들이 존재하며, 연방거래위원회 (FTC)를 비롯한 다양한 규제기관들이 이를 통해 AI 리스크에 대응하고 있다. 자동화 의사결정, 개인정보보호, 채용목적 AI 활용, 공정한 신용기회 보호 등의 이슈에 관련된 규제들은 수년간 계속 집행되어 왔고, 앞으로도 그럴 것이다.

미국과 같이 다원적 사회에서 국가차원의 AI 정책방향을 어느 한 쪽으로 규정하기는 쉽지 않을 수 있다. 앞에서 살펴본 AI 규제에 대한 다양한 의견들의 상당수는 이 산업을 주도하는 미국의 전문가들이 Opinion Leader 의 역할을 하고 있다. 그만큼 미국에서 AI 규제에 대한 국가 전체의 컨센서

---

85) 대표적으로 다음의 간단 명쾌한 주장을 참고. 박상철('23. 12), 'AI 규제, EU 방식은 정답이 아니다', 중앙일보

스(Consensus)를 이루기는 어렵다고 볼 수 있다. 모든 나라들이 어느 정도는 그렇겠지만, 특히 새로운 규제이슈에 대한 미국의 정책방향은 점진적인 사회적 논의와 다양한 갈등 해소과정을 거쳐 구체화되는 경우가 많다.

미국은 통상 새로운 규제이슈에 대해 EU와 같은 거대 법제도를 제정함으로써 처음부터 일괄적으로 접근하기보다는, 기존 법안들을 규제기관들이 새로운 이슈들에 맞게 운영하는 것으로 시작한다. 그러나 기존 정책으로 해결되기 어려운 이슈들이 다수 나오기 마련이며, 이에 대해서는 시장의 플레이어들 간에 다양한 소송들이 진행되고, 이들에 대한 법원의 판단들이 축적되면 법 개정에 나서는 경우가 많다. AI의 경우에도 저작권 이슈 등 가장 먼저 시장에 출현한 이슈들을 중심으로 이런 과정이 진행되고 있다. 한편 미국의 규제는 주지하다시피 연방정부 차원의 규제와 주정부마다의 규제가 별도로 적용된다. 미국의 각 주에서는 알고리즘 편향성, 개인정보보호, 자동화된 의사결정 등의 이슈에 대해 이미 다양한 규제가 시행되고 있다.

이와 같이 분야별로, 주별로 다원적으로 진행되고 있는 미국의 AI 규제체계에 대해 한마디로 평가하기는 쉽지 않다. 다만 AI 기술을 선도하고 있는 미국은 혁신친화적 규제 스탠스를 견지하고 있고, 앞으로도 안보적 위협에 대한 대응을 제외하고는 지속적으로 그런 접근이 유지될 것으로 예상된다. 미국에서 EU와 같은 통합적 AI 법제도에 대한 논의는 계속되고 있으나, 아직 법 제정에까지 이르지는 못하고 있다. 그런데 바이든 행정부가 들어서면서 연방정부 차원의 AI 규제 방향이 좀 더 구체화되고 있는 것으로 생각된다.

미국의 연방정부 차원 AI 규제 방향성은 여러 가지 순차적인 움직임들을 통해 구체화 되어 왔다. 먼저 '22년 10월, 백악관 과학기술정책실에서

'AI 권리장전(AI Bill of Rights)'이 발표되었다. 이는 물론 법적 구속력은 없지만, 정부 차원에서 AI 관련된 모든 이해관계자에게 지켜야 할 원칙들을 천명하는 의미가 있다. 여기에서 제시된 5대 원칙으로는, '안전하고 효과적인 시스템(Safe and Effective Systems)', '알고리즘 차별 보호(Algorithmic Discrimination Protections)', '데이터 프라이버시(Data Privacy)', '통지 및 설명(Notice and Explanation)', '인간을 통한 대안, 고려 및 대비책(Human Alternatives, Consideration, and Fallback)' 등이 있다. 이어서 국립표준기술원(NIST)은 '23년 1월 '인공지능 위험관리 프레임워크(AI RMF)'를 발표하였다. 이 역시 규제제도가 아닌, 신뢰할 수 있는 AI 시스템의 속성을 상세히 나열함으로써 규제기관이나 기업 등 AI 관련 플레이어들의 기본 지침으로 사용될 수 있는 내용이다.

미국의 경쟁정책을 담당하는 규제기관인 FTC도 '빅테크 저승사자'로 불리는 리나 칸 위원장의 주도 아래 생성형 AI 시장에서의 경쟁저해 행위 규제, 개인정보 보호, 소비자 기만행위 규제 등, AI 분야에 대한 더욱 적극적인 규제방침을 계속 밝혀오고 있다. '23년 7월 허위정보, 개인정보 보호 등과 관련하여 OpenAI에 대해 조사를 벌인 바 있고, '24년 1월에는 AI 시장의 여러 계층에서의 독과점 여부에 대해 면밀히 검토하고 있음을 밝히기도 했다. 특히 5개 대표기업(MS, 아마존, OpenAI, 알파벳, 앤트로픽)에 AI 관련 투자 파트너십 정보 제공을 요구하였다고 한다.

이런 상황에서 좀 더 미국 리더들의 AI 규제에 대한 시각이 드러난 것은 '23년 5월의 상원 청문회이다. 여기에서는 앞에서도 짧게 언급했듯이, 샘 올트먼을 비롯한 전문가들이 개발자격 면허 도입을 중심으로 한 AI 규제체계의 필요성을 주장한 바 있다. 한편, '23년 7월, 바이든 정부는 7개의 주도적 AI 기업(아마존, 앤트로픽, 구글, 인플렉션, 메타, 마이크로소프트 및 OpenAI)과 협약을 통해, 안전성 테스트, AI로 생성된 콘텐츠의 표시, 편향성과 프라이버시 보호를 위한 연구 시행 등을 진행하도록 하였다.

이와 같은 분위기 속에서, '23년 10월에는 바이든 대통령의 행정명령이 발표되기에 이르렀다. '인공지능의 안전하고 신뢰할 수 있는 개발 및 사용에 관한 행정명령'[86]이라는 제목 아래, AI 규제정책에 대해 8가지 원칙을 다음과 같이 제시하고 있다.

---

① 안전성, 보안성의 중요성: AI 편익을 과도하게 줄이지 않으면서 위험을 해결하는 조치의 기반 마련을 위해, 표준화된 평가(사용 전에 위험을 테스트하며, 배포 후 성능 모니터링) 및 레이블링/콘텐츠 출처 메커니즘 개발이 필요

② 책임 있는 혁신, 경쟁, 협력을 위해 지재권 이슈 해결, AI 인재 미국 유입 촉진, 지배적 기업 남용문제 해결 등이 필요

③ 미국 근로자의 지원

④ 형평성과 민권증진에 합치 되도록 추진

⑤ 소비자보호

⑥ 개인정보와 시민의 자유 보호: AI는 민감정보의 추출, 재식별, 연결, 추론, 조치를 쉽게 함

⑦ 연방정부의 AI 사용으로 인한 위험을 관리

⑧ 미국이 글로벌 사회, 경제, 기술 발전을 선도

행정명령은 이러한 원칙 아래 다양한 규제제도와 산업육성을 위한 조치들을 담고 있다. 먼저 이 행정명령은 AI 규제에 대한 대원칙을 제시하되, 대부분의 내용은 다수의 관련 부처와 기관들로 하여금 각 원칙과 관련된 소

---

86) White House('23. 10. 30), 'Executive Order on Safe, Secure, and Trustworthy Artificial Intelligence'이는 특히 아래에 소개되는 AI 안전성 정상 회담의 시기에 맞추어 발표되었다.

관분야의 규제방침에 대한 가이드라인을 작성하거나 법제도화가 필요한 내용이 있는지 검토하도록 한 것이다.

이 명령이 가장 초점을 두고 있는 이슈중 하나는 '안전성과 보안성 보장 정책'이다. 이를 위하여 다양한 규제조치들이 언급되어 있다. 먼저 EU AI Act에 비견되는 가장 특징적인 점은 AI 모델 중 **규제의 대상을 모든 AI 모델이 아닌 최고성능 모델만으로 한정**하는 것이다. 이를 위해 행정명령은 '이중용도기반모델(Dual-Use Foundational Model)'을 규제대상으로 정의하였다. 이는 '광범위한 데이터로 훈련되고 광범위한 상황에 적용 가능한, 수백억 개 이상의 파라메터를 가진 모델'로 정의된다. 구체적으로는 10^{26} 정수 또는 부동 소수점 연산(FLOPs)을 초과하는 컴퓨팅 성능을 사용하는 모델로 규정하고 있다.[87] 이러한 모델들은 화생방 무기, 사이버공격 등에 악용될 수 있고, 또 기만이나 난독화 수단을 통하여 인간통제를 회피하는 데에도 사용될 수 있다는 것이다. 이 정의는 사용자에게 위험한 기능 사용방지 장치가 모델과 함께 제공되는 경우에도 적용된다. 행정명령 발표 이후 90일 이내에 상무부 장관은 이 모델의 개발기업들에 여러 가지 의무를 부여하도록 하였고, 상세한 내용은 다음 장에서 소개하기로 한다.

이외에도 중요 기반시설의 보호 및 사이버 보안을 위해 AI를 관리하도록 하고, AI가 CBRN(화생방) 위협, 특히 생물학적 무기에 오용될 리스크를 축소하며, 합성 콘텐츠로 인한 위험을 축소하도록 하였다. 이를 위해 AI 시스템에 의해 생성된 합성 콘텐츠를 식별하고 레이블링하는 기능을 육성하고, 연방 정부 또는 이를 대신하여 생성된 합성 및 비합성 디지털 콘텐츠의 진위성과 출처를 확립하도록 한다.

---

[87] 앞쪽에서 언급한 바, EU AI Act가 고영향 모델의 기준으로 10^{25} FLOPs 이상의 컴퓨팅 양을 제시한 것과 비교될 수 있다.

행정명령은 규제조치 이외에도 **미국 AI 산업의 혁신과 경쟁촉진을 위한 다양한 정책도** 제시하고 있다. AI 인재를 미국으로 유치하기 위해 비자 조건 완화 등을 고려하고, 혁신촉진을 위한 파일럿 프로그램, 자금 지원, 인재양성, 국립연구소 설립, IP 제도 개선 등을 추진한다. 또한 AI로 제기된 저작권 문제를 다루는 연구, AI를 활용한 건강, 환경 등 개선방안 등도 검토된다. 한편 경쟁 촉진을 위해 FTC에 관련 역할을 부여하고, 이미 시행 중인 반도체생산 인센티브법(CHIPS)상의 중소기업 지원 조치 등도 **빼놓**지 않고 담았다.

AI 확산 시대의 다양한 이슈에 대한 연구들도 요청되었다. 근로자들을 지원하기 위해 노동에 미치는 영향, 직장의 AI가 근로자 웰빙을 향상시킬 방안 등에 대한 연구를 명령하고, 형평성과 민권의 증진을 위해 알고리즘 차별, 자동화 시스템 관련 차별, 개인정보 보호, 공공 혜택의 공평한 관리 등의 이슈도 검토된다. AI가 통신 네트워크와 소비자에게 어떤 영향을 미치는지에 관한 연구도 수행된다. 개인정보 보호, 연방정부의 AI 활용 증진, 정부 내의 AI 인재 증가, 해외에서 미국의 리더십 강화 방안도 검토된다. 이런 모든 정책들을 총괄하기 위해 백악관에 인공지능 위원회를 설립하게 된다.

행정명령은 이와 같이 규제적인 측면에서 내용만으로 보면 상당히 광범위한 규제 방침을 엿볼 수 있다. **특히 국방, 사이버 안보 등에 상대적으로 더 초점**을 두고 있는 것으로 보인다. 그러나 실제로는 공공부문의 AI 사용에 관한 규제를 제외하고는, 규제이슈들에 대한 규제방향성 설정이나 다양한 정책 시행 준비를 위한 검토명령이 많은 부분을 차지한다. 다수의 행정명령 내용이 각 기관에게 가이드라인이나 표준을 작성하도록 하는 내용이기 때문에, 관련입법이 이뤄지지 않으면 실제 규제로 시행되기 어렵다.[88] 따라서 아마도 가장 실제적 영향이 큰 부분은 국방물자 생산법에 의거한 내용인, 이중용도기반모델의 개발자로 하여금 모델에 관한 보고의무를 부여한 점이라고 판단된다.[89] 아래의 모델규제 섹션에서 상세히 소개되듯이, 이중 용도기반모델을 개발하는 기업들은 270일 내에 마련될 가이드라인에 따라 안전성 테스트를 시행하고 결과를 연방정부에 보고하여야 한다.

행정명령 중 최우선적으로 시행하도록 한 사항들을 살펴보면 금번 명령이 가장 시급하게 생각하는 이슈들을 짐작할 수 있다. 백악관은 '24년 1월에 90일 내로 시행해야 하는 사항들의 시행결과를 발표하였다.[90] 주요 결과를 개략적으로 살펴보면, 우선 안전성과 관련한 조치들이 시행되었다. 국방생산법에 근거한 모델관련 중요정보 보고의무 관련 조치, 그리고 클라우드 기업들이 외국의 AI 모델 학습에 컴퓨팅 파워를 제공할 때 보고하도록 한 조치, 중요 기반설비에서의 AI 사용에 관한 리스크 평가 등이 이에 해당한다. 이와 함께 혁신을 촉진하기 위한 조치들인 AI 연구 리소스 제공 파일럿 프로그램, 연방정부에 AI 인력 고용확대, AI 교육촉진, 지역적 혁신촉진 펀딩, 헬스케어 분야 제도개선 등도 시행되었다.

---

88) 전게서 Section 14에서 행정명령의 내용은 적용 또는 준용가능한 법에 의거하여 실행된다고 명시하고 있다.('This order shall be implemented consistent with applicable law and subject to the availability of appropriations.')

89) 참조: Comunale and Manera('24. 3), 'The Economic Impacts and the Regulation of AI: A Review of the Academic Literature and Policy Actions', IMF Working Paper

90) 참조: 백악관 홈페이지에서 상세한 내용을 확인할 수 있다.(https://www.whitehouse.gov/briefing-room/statements-releases/2024/01/29/fact-sheet-biden-harris-administration-announces-key-ai-actions-following-president-bidens-landmark-executive-order/)

이상에서 소개한 미국의 AI 규제방향을 정리해보자. FTC, 저작권청을 비롯한 모든 규제기관들이 AI로 인한 규제이슈에 대응하고 있지만, 이는 유럽이나 영국처럼 국가차원의 새로운 정책방향을 보여준다기보다는 기존 법의 개선과 집행차원에 가깝다. 따라서 현재 시점에서 미국 연방정부 차원의 AI 규제방향의 특징을 보여주는 유일한 소스는 바이든 행정명령이라고 할 수 있다.

미국은 아직까지 통합적 AI 규제법을 제정하지는 않고 있다. 그러나 행정명령에서 나타난 AI 규제원칙들이 각 규제의 일관성을 향상시키는 지침의 역할을 할 것이다. 바이든 행정부가 미국의 인공지능 산업이 글로벌 시장을 주도하게 하는 것에 AI 정책의 초점을 둔다는 점에서는 영국과 유사하게 혁신촉진에 초점을 둔 접근이라 생각된다.

바이든 행정부는 (기존 법들에 의해 어차피 적용될 다양한 규제들은 논외로 하고) 보다 새롭고 강한 규제의 대상은 최고성능 모델로 한정하고자 하는 것으로 보인다. 이는 두 가지 측면에 기인한 것으로 해석된다. 첫째, FTC가 취하는 AI 기업들에 대한 강한 규제 스탠스와 연관된다. 앞서 언급했듯이 FTC의 빅테크 독과점 규제는 셔먼법, 클레이튼법에 의해 오랫동안 집행되어 온 기능이지만, 그 규제의 강도는 각 행정부에 따라 상당한 차이를 보여 왔다. 바이든 행정부 하에서는 규제를 최고성능 모델의 개발을 주도하는 기업들에 한정하여, 경쟁적 시장구조를 만드는 것도 중요한 정책적 고려요소인 것으로 보인다. 다음으로 최고성능 모델개발 기업 몇 개에 대한 강한 통제장치를 통하여, 안보나 인류의 미래에 대한 위협에 대비하고자 하는 것으로 보인다.

미국에서는 금번 대통령 행정명령에 의해 기존의 법들을 AI 분야에 맞게 적용하고자 검토가 진행되고 있으며, 일부 이슈에 대해서는 조금 더 빠르게 시행될 예정이다. 그러나 미국의 AI 산업에서의 위치나 지금까지 나타난 규제방향으로 볼 때, 유럽과는 다르게 대부분의 이슈에 있어서 강한 사전규제 중심의 규제제도가 시행될 것으로 보이지는 않는다.

바이든 행정부는 한편 유럽과의 인공지능 규제 관련 협력관계를 지속하고 있다. 양측은 다양한 분야를 대상으로 워킹그룹을 만들어 인공지능의 리스크 분석, 규제기준의 정합성 향상 등을 위해 논의를 계속해왔다.[91] 그 첫걸음 중의 하나로 관련된 용어의 통일작업을 진행해 결과를 발표하기도 했다.[92] 인공지능 서비스와 시장의 글로벌한 성격을 고려할 때, 이런 작업은 관련기업들의 규제 컴플라이언스에도 도움이 될 수 있다. 그러나 지금까지 논의한 바대로, 이런 협력이 미국과 유럽 양측의 규제체계가 유사해지는 결과까지 이어질 가능성은 높지 않다고 생각된다.

EU, 영국, 미국의 AI 규제 접근법 비교, 그리고 가장 중요한 시사점

좀 단순화해서 이제까지 소개한 EU, 영국, 미국의 AI 규제 접근법을 비교해보면, 영국은 경쟁촉진을 통한 혁신에 방점을 두고 현실적 이슈 중심의 규제를 추진할 계획이다. EU는 단기와 중장기에 나타날 수 있는 모든 AI 리스크의 제어를 위한 강한 규제를 추진하지만, 이의 배경에는 미국 빅테크의 시장지배력 제어라는 시장차원의 어젠다도 존재한다. 미국 바이든 행정부의 경우, 연방 차원에서는 EU보다 좀 더 규제의 초점이 미래의 초고성능 AI가 제기하는 실존적 위협 및 관련기업 통제에 한정되어 있고, 기타 규제이슈에 대해서는 강한 규제를 새로 도입하는 것은 지양하는 것으로 보인다.

---

91) 참조: Leyden('24. 4. 5), 'EU and US agree to chart common course on AI regulation', CIO

92) European Commission의 홈페이지에서 다운로드가 가능하다.(https://digital-strategy.ec.europa.eu/en/library/eu-us-terminology-and-taxonomy-artificial-intelligence-second-edition)

한 나라의 AI 정책방향 설정은 AI 기술에 대한 적절한 관리방식과 자유로운 혁신촉진 간의 균형을 찾는 문제이다. EU, 영국, 미국 간의 접근법 차이를 더욱 명확하게 볼 수 있는 방법은 AI 규제에서 두 가지의 관리대상을 명확히 구분해서 보는 것이라 생각한다. 즉 현재의 인간중심 제도에 AI가 야기하는 문제들, 그리고 미래의 인류에 위협이 될 수 있는 초지능의 위협에 대한 대응이다. 특히 첫째의 대응방식에서 국가 간 접근 차이가 명확히 나타난다. EU는 AI 시스템의 광범위한 이용보다는 위협의 원천적 차단에 초점을 둔 것으로 보일만큼, 각 시스템별 특성과 무관하게 어떤 부류에만 속하면 동일하게 Heavy한 사전규제를 부과한다. 이에 반하여, 영국과 미국은 보다 규제대상이 되는 리스크를 촘촘히 따져보고 필요 최소한의 규제로 접근하고 있다.

그런데 규제접근에서의 이런 차이는 EU, 영국, 그리고 미국의 혁신촉진에 대한 접근이 만들어 낸 차이이다. EU 회원국 중에서도 자국 AI 산업의 혁신촉진을 위하여, 법제도 논의 이탈까지 고려한 끝에 오픈소스 규제완화를 이끌어낸 유럽 3국의 사례가 있음을 주목해야 한다. 반면, 어느 나라도 아직 확실하게 예측하기 어려운 AGI에 대한 대응만큼은 모든 국가가 신중히 접근하고 있으며, EU, 영국, 미국의 접근도 대동소이하다. AGI 대응은 글로벌 차원에서의 일관된 관리를 위해 국제적 공조가 중요하다고 생각된다.

라. AI 규제에 대한 국제적 공조

이상에서는 AI 규제에 대한 주요 국가들의 접근법과 그 차이를 살펴보았다. 그런데 디지털시장이 확산되면서 새로이 등장했던 모든 규제이슈들처럼, AI의 규제도 국제 사회의 공조가 매우 중요한 이슈이다. 디지털시장은 어떤 국가 내로 시장범위가 한정되는 경우도 있지만, 대부분의 경우 글로벌 차원에서의 강자들이 주도하는 시장이기 때문이다. 어떤 국가 내에서 강한 입지를 보유한 플랫폼 기업이 국내에서 쌓은 경쟁력을 발판으로 다른 나라의 시장, 혹은 세계시장에 도전장을 내미는 경우도 흔하다.

그러나 만일 나라마다 규제환경이 매우 다르다면 글로벌 시장에서 활동하는 기업의 규제순응 비용은 상당히 증가할 것이다. 구체적 규제방식은 국가마다 다른 것이 자연스럽지만, 규제의 원칙에 대한 국제적 일관성은 바람직하다. 이런 배경하에서, 본 절에서는 그동안 국제적 차원에서 이루어진 AI 제도화의 주요 이벤트에 대해 소개하고자 한다.[93]

먼저 '19년 5월 OECD는 'AI 원칙(AI Principles)'을 발표하였다. 여기에는 ① 포용적 성장, 지속가능한 개발, 웰빙 ② 인간중심의 가치와 공정성 ③ 투명성과 설명가능성 ④ 견고성, 보안성 및 안전성 ⑤ 책무성(Accountability) 등 지금까지 각국의 관련논의에서도 핵심적으로 간주되고 있는 원칙들이 제시되어 있다. 현재까지 46개 국가에서 이를 승인했다고 한다. 이어서 '21년 10월에는 NATO 차원에서 책임 있는 AI 사용원칙이 합의되었다. 여기에는 책임성, 책무성, 설명가능성 등에 더하여, 합법성, 추적가능성, 신뢰성, 통제가능성 등의 안보분야 특성에 따른 원칙들이 포함되었다.

세계 경제포럼(WEF: World Economic Forum)은 '23년 6월 각국의 산업계, 정부, 학계의 전문가들로 구성된 'AI 거버넌스 연합(AI Governance Alliance)'을 출범시켰고, 관련 주제는 '24년 초 다보스 미팅의 핵심주제가 되었다. 한편 UN 차원에서는 '23년 10월 AI 자문기구가 만들어졌고, '24년 9월의 정상회담에서는 AI의 거버넌스 문제를 다루는 '글로벌 디지털 컴팩트(Global Digital Compact)'의 채택을 목표로 하고 있다고 한다.

---

93) 가장 많이 참조한 문헌: Comunale and Manera('24. 3), 'The Economic Impacts and the Regulation of AI: A Review of the Academic Literature and Policy Actions', IMF

G7 차원 등 주요 국가 간 협력도 진행되고 있다. '23년 10월의 G7 정상회담에서는 '히로시마 선언(Hiroshima Process International Code of Conduct for Advanced AI Systems)'이 발표되었다. 이는 최첨단 성능의 AI 시스템을 개발하는 주체들에 대한 자율적 가이드를 표방한다. 주요내용으로는 AI의 모든 단계에서의 리스크 감축조치, 시스템의 성능과 이용분야에 대한 투명성, 개발과정의 사고관련 정보공유, 거버넌스 개발, 안보통제, 국제표준 개발, 지속가능성, 프라이버시와 지재권 보호 등, 이 책에서 언급해온 중요 이슈들이 다수 담겨 있다.

한편, 장관 레벨 협력기구인 GPAI(Global Partnership on AI)도 언급할 필요가 있다. '20년 6월 우리나라를 포함한 15개국의 창립회원으로 출발된 이 기구에서는 책임 있는 AI 개발과 이용에 대한 일반적 원칙에 더하여, 포용성, 다양성 등의 개념도 강조되고 있는 것이 눈에 띈다. '23년 12월에는 인도의 델리에서 29개 회원국이 회담을 가지고 선언문을 발표[94]했는데, 이 내용 중에는 컴퓨팅, 데이터셋 등 AI의 혁신에 필수적인 리소스들에 대해 각국(후발국가 포함)의 접근을 지원한다는 '협력적 AI'라는 개념이 포함된 점이 주목할 만하다.

국제적 공조 관점에서 가장 상위레벨의 의미 있는 논의도 시작되었다. '23년 11월에 영국의 주최로 AI 안전성을 주제로 하는 최초의 주요국 정상회담(AI Safety Summit)이 매우 상징적인 장소인 영국의 블레츨리에서 열렸다. 이곳은 인공지능의 선구자인 앨런 튜링을 포함한 정보기관 전문가들이 세계 제2차 대전 때 독일의 암호체계인 에니그마를 풀어낸 장소로 유명한데, AI 분야의 주도적 국가로 자리잡기 원하는 영국정부의 의지가 강하게 표현된 장소 선정으로 생각된다. 이 회담에는 영국, 미국, 중국, 우리나

---

94) 관련 홈페이지: https://gpai.ai/

라를 포함한 28개국의 정상이나 장관급 대표자들, 그리고 주요 국제기구와 AI 분야의 최고 민간 전문가들이 참석하여 합리적인 AI 규제방안을 논의하였다. 그 결과 참가국 정부 간에 '블레츨리 선언(Bletchley Declaration)'이 합의되었다. 이 선언은 AI 안전성에 대한 연구를 촉진하고 AI의 위험에 기반한 정책 수립을 하기 위해 다양한 협력을 진행한다는 내용이다. 그런데 특히 국가 간에 구체적 규제접근은 상이할 수 있음이 강조된 점은 주목할 만하다. 특히 제2차 회담은 '24년 5월 서울에서 열렸고, 우리나라의 주도로 안전성 이외에 포용성과 혁신성까지 추가되는 의미 있는 성과를 이뤄내었다.

이와 같은 국제적 노력은 각국의 AI 관련 제도의 일관성을 향상시켜 글로벌 시장에서 활동하는 기업이 당면하는 규제 불확실성을 상당히 감소시킬 수 있다. 그런데 AI의 경우 글로벌 차원에서의 서비스 제공에 있어서 일반적 디지털 서비스와는 다소 차이나는 점이 있다고 생각된다. 이 책의 앞부분에서 AI가 지켜야 할 바람직한 원칙에 대한 국제적 합의가 일반적으로 이루어지고 있다고 했다. 그러나 이런 보편적 성격을 가지는 일반 원칙과 별도로, 특정 국가마다 지켜져야 할 점들이 존재하기 마련이다. 예컨대 동일한 모델에 기반한 챗봇이라 할지라도, 서비스되는 나라에 따라 쇠고기나 돼지고기를 답변에 언급하는 방식에 주의를 기울여 차이를 두지 않으면 안 될 것이다. 관습적 차이를 떠나 동일한 단어라 할지라도 문화권에 따라 다른 뉘앙스를 가지는 경우도 얼마든지 있을 수 있다. 물론 이런 차이는 각 서비스기업이 서비스정책상 반영할 수도 있지만 일반적으로 어느 나라가 AI 원칙을 정할 때 국가 특유의 고려사항들이 있다면 반영되는 것이 바람직할 것이다. 여기에 더해, 특정한 규제이슈에 대한 접근법은 바로 앞 절에서도 언급했듯이 필히 각국의 산업정책 목표에 부합하는 방식이 채택되어야 할 것이다.

정리하면, AI 서비스가 글로벌 차원에서 제공된다는 점 때문에 AI 제도화에 있어서 어느 정도의 국제적 공조는 필요하지만 모든 국가가 세부적으로 동일한 규제원칙이나 규제체계를 가지는 것이 목표가 되기는 어렵다. 그 대신 국제협력의 초점은 글로벌 차원에서 활동하는 기업들의 규제 불확실성을 줄이는 것에 두는 것이 바람직하다고 생각한다.

어떤 이슈들에 대한 제도가 각국의 문화적, 산업적 차이를 고려하여 그 나라에 가장 적합한 방식으로 정해지더라도, 어떤 규제가 정확히 어떤 대상에 무슨 의무를 부과하는 것인지에 대해 국가 간 통일된 정의가 있는 것이 매우 중요하다. 규제방식의 강도에는 국가 간 차이가 있더라도, 규제의 타겟에 대한 대략적 합의가 존재하는 것도 도움이 될 수 있다. 이런 맥락에서 앞서 언급했듯이, AGI 리스크에 대한 대응만큼은 그 기술적 어려움과 정보 비대칭성 때문에라도 국제적 공조가 더 필수적이라고 생각한다. 이런 이슈에 대해서는 우리나라도 이제까지와 마찬가지로 적극적이고 주도적인 자세로 글로벌 협력에 나서는 것이 바람직한 방향이라 판단된다.

그러나 여기에서 다시 한번 강조하고 싶은 점은, AGI로 야기될 수 있는 심각한 리스크들에 관한 논의가 모든 인공지능 기술에 대한 과도한 규제체계 도입의 근거로 사용되어서는 곤란하다는 것이다. 충분히 통제 가능한 이슈들까지 원천적 억제에 초점을 둔 규제로는 앞으로 펼쳐질 AI 기반 글로벌 경제에서 자리를 잡기 어려워진다.

2. AI 시스템에 대한 규제체계
– EU의 사례를 중심으로

앞에서 보았듯이, AI 시스템과 모델에 대한 각종 의무를 부여하는 체계에 있어서 향후 국가 간 차이점이 명확히 드러날 것으로 생각된다. EU처럼 위험도에 대한 사전적 분류체계를 도입하고 각 분류 내에 속하는 AI 시스템과 모델에 대해서는 일괄적으로 동일한 규제의무를 부과할 것인지, 아니면 영국처럼 리스크에 대한 좀 더 실제적인 증거를 바탕으로 필요 최소한의 의무를 부과할 것인지가 국가별로 상이하게 나타날 것이다.

어떤 국가가 자국의 법제도에서 어떤 선택을 하는가와 무관하게 EU의 법제도를 이해하는 것은 중요하다. 글로벌 차원에서 비즈니스를 펼쳐갈 기업의 경우에는 특히 그렇다. 무엇보다 AI 기업이 EU 시장에서 사업을 하고자 할 경우 이런 규제의 대상이 되기 때문이다.

따라서 구체적인 AI 규제이슈들을 논함에 있어서 가장 먼저 이 장에서는 EU AI Act가 취하고 있는 AI 시스템에 대한 분류체계와 각 분류에 해당하는 규제의무들에 대해 중복을 가급적 피하면서 상세히 살펴보기로 한다.[95] 앞 장의 EU 부분에서 소개했듯이, EU는 위험도에 따라 AI 시스템을 네 가지로 분류한다. 먼저 수인 불가하여 아예 출시가 금지되는 시스템

---

95) 이 장과 다음 장의 EU AI Act 규제내용의 정리와 분석에 김남심, 오기석, 심용운, 수석연구원과 임유진 RA의 도움이 컸음을 밝힙니다.

과 위험이 낮아 별다른 규제의무가 없는 시스템을 규정했다. 구체적으로 수인불가 분야는 잠재의식의 조작(치료목적이 아닌), 사회적 평점시스템 (Social Scoring), 인터넷과 TV 데이터를 스크랩하여 안면인식 데이터 베이스를 구축하는 것 등이 해당되는데, 이는 개인의 권리와 자유를 침해 할 수 있다는 이유로 AI의 적용이 금지된다.[96]

출시 전에 일정한 규제의무를 이행하면 시장에 출시할 수 있는 유형은 고위험 시스템과 일반(기존 제한적 위험) 시스템의 두 가지 유형이다. 이때 부과되는 규제의무의 핵심은 고위험 시스템의 경우 '적합성 평가의무'이며, 일반 시스템의 경우 '투명성 의무'이다. 이 두 가지에 대한 규제의무를 조금 더 상세히 살펴보자.

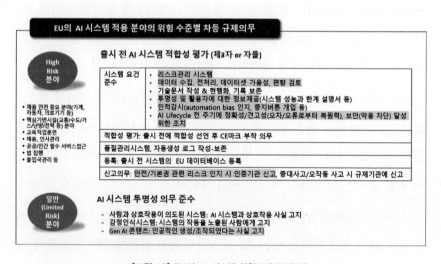

[그림 15] EU의 AI 시스템 위험도별 규제의무

먼저 일반분야(제한적 리스크)는 현실세계의 실체와 흡사한 컨텐츠를 생 성하는 AI 시스템들이 해당된다. 그림에서 보듯이 이들 시스템에는 투명

---

96) 네 가지 유형의 AI 시스템에 대한 보다 자세한 예시는 EU AI Act를 참고하기 바란다.

성 의무가 부과되는데, 주로 이용자가 AI 시스템과 상호작용하고 있다는 점을 인지시키거나 어떤 콘텐츠가 AI로 생성되었다는 사실을 알리는 데에 주안점이 있다. 이런 의무 부과로 어떤 이슈들에 대응하고자 하는지에 대해서는 이 책의 Part I에서 언급된 바 있으므로 여기에서는 생략한다.

다음으로 그림에서 보듯이 안전성과 공정성이 특히 중요한 시스템들을 고위험 분야로 규정하였다. 이런 시스템에 해당되면 관련 플레이어들은 시스템에 제반 여건들을 갖추어야 하고, 특히 적합성 평가를 받은 후 CE 마크[97]를 부착하여 출시해야 한다. 이후 품질관리, EU의 DB에 등록, 사고 발생 시 신고 등의 의무도 가진다. 이중 핵심이라고 볼 수 있는 적합성 평가는 제3자 기관 혹은 자체로 검증된 방식에 의해 실시해야 한다. 고위험 AI System을 제공하고자 하는 자는 출시 전에 적합성 평가를 받아야 할 뿐만 아니라, 출시 후에도 여러 가지의 의무사항이 있다.

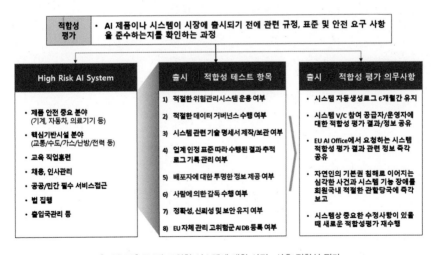

[그림 16] EU의 고위험 시스템에 대한 사전, 사후 적합성 평가

---

97) CE Marking: EU에서 판매되는 제품이 안전, 보건, 환경보호의 기준을 충족했음을 표시하는 마크

각 AI 시스템이 가진 기능과 배경 기술이 다름에도 불구하고, 일단 고위험 AI 시스템의 영역에 해당되기만 하면 모든 시스템이 동일한 규제 패키지의 대상이 된다. 위험관리 시스템을 만들고, 데이터 거버넌스를 정립하고, 기술 문서들을 작성, 유지하며, 사람에 의한 감독체계를 필수화 하는 등, 고위험 시스템을 EU 시장에 출시하려면 많은 규제의무를 지켜야 하는 것이다. 이런 방식의 접근이 AI 시스템의 혁신과 다양한 서비스 등장에 과다한 규제가 될 수 있음에 대해서는 앞에 언급하였으므로 되풀이하지 않는다.

3. 기반모델(Foundation Model)에 대한 규제

앞에서 본 AI 시스템에 대한 규제의무 부과체계와 함께 AI 모델에 대한 규제에 있어서도 향후 국가 간 차이점이 명확히 드러날 것으로 생각된다. LLM에 대해 얼마나 자체적인 역량을 확보할 것인지, 또 할 수 있는지가 한 나라의 AI 정책목표 설정에 가장 핵심적 요소 중 하나이기 때문이다. 그 이유는 무엇일까?

만일 어느 나라의 생성형 AI와 관련한 국가전략 목표가 가장 우수한 AI 서비스를 폭넓게 이용하여 생산성을 높이는 데에만 있다면 자체적 LLM 기술력 확보가 절대적인 과제는 아닐 수 있다. 거대언어모델의 자체적 개발은 이 책의 여기저기에서 설명된 대로 높은 기술력은 물론이고 거대한 데이터셋, (품귀현상이 벌어지고 있는) AI 반도체, 클라우드를 비롯한 인프라 구축, 안정적(친환경적) 에너지 공급, 막대한 운용자금, 넓고 견고한 개발자와 서비스 생태계, 충분한 수요가 창출되는 큰 국내시장 규모 등이 뒷받침되어야 가능한 일이기 때문이다.

그럼에도 불구하고 어느 국가가 자체적으로 경쟁력 높은 LLM 및 관련 기술을 보유한다면 향후 AI 산업 발전에 있어서 여러모로 유리한 위치를 차지할 수 있다. 더 혁신적 기술이 출현하지 않는 한, LLM에 기반한 생성형 AI 혁명은 인프라와 서비스 분야 모두에서 큰 규모의 새로운 글로벌 시장을 열게 된다. 또한 다른 기존 기술에 기반한 디지털서비스와 하드웨어 시장을 대체하거나 경쟁력 확보에 큰 영향을 줄 것이다. 자체 LLM 기술이 우수하면 타국의 LLM과 국내외 시장에서 경쟁할 수 있을 뿐만 아니라, 해당 국가 내의 반도체, 데이터센터, 스마트 디바이스 등 관련 하드웨어 분야와의 내부적 시너지도 기대할 수 있다.

한편 이 책의 마지막 장에서 다시 정리되겠지만, LLM 기술에서 자주권을 확보하는 것은 문화적, 사회적 의미도 크다. 지금 글로벌 시장을 선도하는 LLM은 주지하다시피 영어권 데이터를 큰 비중으로 사용하여 학습된 모델들이다. 자국의 문화나 관습에 맞는 방식으로 학습된 LLM을 개발하는 것은 그 나라의 AI 활용도를 높이게 된다.[98] 더욱이 데이터주권 차원의 의미도 크다. 이 책의 플랫폼 시장 설명에서도 언급했듯이 디지털시장에서 데이터의 활용은 경쟁력의 핵심요소이다. 데이터를 풍부하게 가지고 잘 활용해서 구축한 파워는 좀처럼 경쟁에 흔들리지 않는다. 그런데 검색, 소셜, 상거래, 앱스토어 등 많은 플랫폼 분야에서 우리나라를 비롯한 다수 국가의 국민으로부터 나오는 거대한 데이터는 소수 글로벌 빅테크 플랫폼에 집중되고, 그들의 시장지배력을 강화하는 데에 사용되고 있다.

앞서 필자가 전망한대로 디지털시장 경쟁에 생성형 AI가 일으키는 새로운 변화가 시작되는 시점에서 우리나라 국민의 데이터가 우리 산업의 경쟁력을 확보하는 데에 주로 쓰이게 하는 출발점을 마련하는 것은 큰 의미를 가진다고 생각된다. 경제적 이유뿐만 아니라 개인정보보호나 사이버 안보 차원에서도 의미가 있을 수 있다. 이런 다양한 이유로, 각 주요 국가에서는 그 나라에 적합한 방식으로 LLM 관련 자체 기술력을 향상시키기 위한

---

[98] 프랑스의 마크롱 대통령은 영어 우선의 LLM들이 프랑스의 문화, 언어, 그리고 윤리 체계를 반영하지 못한다면서 미스트랄이 개발한 AI를 환영하기도 하였다. 출처: Abu dhabi and Chennai('24. 1. 1), 'Welcome to the era of AI nationalism', The Economist

전략을 고민하고 있다.

상업적 시장에서 지금의 LLM 경쟁은 적어도 현재의 글로벌 핵심인 영어권 시장에서는 80% 정도를 차지하는 OpenAI가 주도하며, 이외 구글, 메타, 앤트로픽 등이 참여하는 양상이다.[99] 이 시장에서 새로운 AI 기업이 유의미한 경쟁자가 되기 위해서는 아직 선점되지 않은 시장분야를 공략하는 전략적 접근이 바람직할 것이다. 자국의 언어나 비영어권 언어에 특화한다던지, 특정 전문분야에서 필요한 기능에 강점을 갖게 한다던지 하는 방식을 고려할 수 있다.

물론 모든 국가의 AI 산업 육성전략이 LLM 자체 개발일 이유는 없다. 기존 LLM을 활용한 서비스시장 공략, LLM에 필요한 반도체, 클라우드 등의 제공, 기존 전자제품에 생성형 AI 기능을 장착하여 경쟁력 향상을 추진하는 등, 그 나라의 핵심역량 수준과 산업발전 목표에 따라 다른 성장전략의 수립도 얼마든지 가능하다. 그리고 이런 국가전략에 맞는, 그러면서도 글로벌 협력추세를 고려한 방향으로 모델에 대한 규제를 접근하면 되는 것이다. 그러나 우리나라의 경우 이미 상당한 수준의 관련 기술 역량이 확보되어 있으며, 반도체 등 모델의 훈련과 운영에 필요한 인프라 분야에서도 글로벌 경쟁력이 높다. 따라서, 우리나라는 보다 AI 산업분야의 선진국형 모델 규제를 고민할 필요가 있다.

아래에서는 현재까지 모델에 대한 규제를 가장 광범위하게 세부적으로 수립한 EU AI Act의 내용, 그리고 바이든 행정명령에서의 관련 내용을

---

99) LLM의 영향력을 여러 가지로 볼 수 있겠지만, 글로벌 채팅 방문건수 기준('24. 2)으로 보면 ChatGPT가 16억, 이를 탑재한 MS의 Bing이 12.5억, 구글의 Gemini(종전의 Bard)가 약 3억, Character.ai가 약 2억 건수 정도를 나타내고 있다. 이외 Perplexity, Claude 등의 점유율은 아직 상대적으로 낮다. (출처: https://www.similarweb.com/blog/insights/ai-news/chatgpt-challengers/)

대비해가면서 보다 상세하게 소개하도록 한다. 이어 이들 국가가 고려하고 있는 모델 규제의 다양한 요소들이 가진 의미, 그리고 우리나라에 바람직한 접근방향에 대해서도 생각해보기로 한다.

가. EU의 범용 인공지능(GPAI) Model 규제

앞서 얘기했듯이 EU AI Act의 지난한 합의과정 중에서도 생성형 AI 도입 후 추가된 LLM 등 범용인공지능(GPAI, General Purpose AI) 모델에 대한 규제 초안이 가장 치열한 논쟁거리였다. 그 주된 이유는 EU 회원국 간에도 LLM 개발 능력에 차이가 상당하기 때문이다. 합의의 결론을 다시 간략히 요약하면 먼저 GPAI 모델을 두 부류로 구분하여, 최고 수준의 성능을 가진 고영향 GPAI 모델과 일반 모델 간에 개발과 배포에 있어서 차등적 규제를 부과하였다. 일반 모델에는 '투명성(Transparency)' 의무를, 고영향 모델은 이에 더하여 '위험도 평가(Risk Assessment)'를 받아야 EU 시장에 출시되거나 이용될 수 있다. 또, 오픈소스 방식으로 공개되는 GPAI 모델의 경우, 무료인 경우에 한정하여, 더불어 고영향 모델이 아니라면 투명성 의무의 상당부분이 면제되도록 하였다.

일반 LLM (GPAI 모델) 규제	High Impact GPAI 모델에 대한 추가 규제

• 모델 학습, 테스트 과정에 대한 Technical documentation 제공 및 최신 상태로 정보 유지 (매개변수 수, 사용 정책 등 포함)
• 모델 학습 데이터의 유형과 출처 제시, 데이터 소스의 부적합성/편향성 감지 위한 조치 마련
• 학습에 사용된 리소스 관련 세부 정보, 에너지 소비량 등 제시
• 모델을 AI시스템에 통합할 때 필요한 기술 수단 명세 작성
• 모델의 성능과 한계 사항 제시
• 저작권법 존중 위한 정책 마련
• 학습에 활용된 콘텐츠에 대한 상세 요약 작성과 공개
	• 모델 위험 평가와 위험 완화 방안 마련/수행
	  - 모델에 대한 Adversarial Test (적대적 테스트, e.g. Red Team 구성)를 통해 취약점 식별 및 해결
	  - 모델 평가 프로세스를 문서화 (평가기준, 지표, 한계 식별 방법 및 평가 결과 포함)
	• 모델이 가져올 수 있는 잠재적 시스템 위험 평가 및 완화
	• 심각한 사고와 시정조치를 문서화하여 EU 집행위 보고
	• 적절한 수준의 사이버 보안과 물리적 보호 장치 마련
	  - 무단 접근, 조작/오용을 방지하기 위한 조치 마련

[그림 17] EU의 GPAI 모델 규제

먼저 일반 모델에 부과되는 투명성 의무에는 각종 기술문서 제공, 데이터 출처 공개, 에너지 소비량 제시, 모델의 성능과 한계 제시, 저작권 존중 방안 마련 등이 포함된다. 이를 통해 EU 규제당국은 LLM에 대한 많은 정보를 얻고 일반대중에게 공개하며, 모델 학습과정에 저작권 보호, 에너지 효율성 등이 준수되도록 유도하고, 하류부문의 개발자 및 이용자들이 모델의 성능과 한계를 정확히 알고 AI 시스템을 개발하거나 이용하도록 유도하려는 것이다.

규제내용들을 보면 모델의 개발자와 배포자에게 상당한 준수비용 (Compliance Cost)이 소요될 가능성이 높다. 모델이 거대해 질수록 데이터의 사용에 제약을 더 받을 것이고, 에너지 효율성을 공개하도록 한 부분도 유럽의 강력한 환경정책 스탠스를 고려했을 때 점차 부담이 될 수 있다. 특히 최근에 생성형 AI의 사용량이 폭증하면서 모델의 학습은 물론 운영에 필요한 전력소요를 충당하기 어려워졌다.[100] 더욱이 유럽이 강하게 추진 중인 넷제로 정책에 따라, 재생에너지로 이를 충당하는 데에 각 기업이 사용하고 있는 클라우드/데이터센터의 고민이 깊어지고 있다.

일반 모델에 대한 EU 규제의 목적은 범용 AI 모델의 다양한 리스크 방지에 두고 있으며, 이러한 목적 자체는 많은 국가에서 컨센서스를 이루고 있으므로 비판의 대상이 되기는 어렵다. 그러나 앞 장에서 얘기한 EU의 AI 시스템 규제와 마찬가지로, 모델규제의 성격도 과하게 예방적인 조치들일 수 있다는 비판은 존재한다. 고영향 모델이 야기할 수 있는 리스크를 별도로 규제하는 한, **고영향이 아닌 일반 모델에 대해서도 강하고 포괄적인**

---

100) International Energy Agency는 전 세계 데이터 센터들이 소모하는 전력량이 ´26년 기준으로 현재의 2배 이상 증가하여 일본의 연간 전기 소모량과 유사한 1,000 테라와트시(TWh) 이상이 될 것으로 추정하고 있다. 출처: Hodgson(´24. 4. 17), 'Power-hungry AI is putting the hurt on global electricity supply', Ars Technica

규제의무들이 부여되는 것이 적절한지를 고민할 필요가 있다.

일반 모델도 고영향 모델과 마찬가지로 악용 또는 오남용 될 소지가 있음을 부정하는 것은 아니다. 그러나 한편 소규모 모델들의 기능이 거대 모델에 비해 제한적이며 좀 더 구체적 용도로 사용될 가능성이 높음을 고려하면, 보다 완화된 규제방식도 검토되어야 한다. 특히 소규모의 스타트 업이나 중소기업의 경우 오픈소스 방식이건 아니건 간에 투명성 의무를 이행하는 것도 큰 부담이 될 수 있다. 따라서 EU처럼 시장 출시 전에 필히 이행해야 하는 사전적, 예방적 차원의 일괄적 규제의무 부과보다는, 좀 더 **사후적인 핀셋규제 방식, 그리고 규제의무보다 행동강령 제시 중심의 연성규제 방식**이 고려될 수 있을 것이다. 이렇게 하면 좀 더 다수의 AI 모델들이 크고 작은 기업들에 의해 다양한 분야에서 출시되어, 국가전체의 기술수준 향상과 이용확산에 도움이 될 수 있다.

앞으로 EU 규제기관들은 투명성과 관련된 규제기준을 구체화해 나갈 예정이다. EU는 AI Act의 집행을 위해 신설되는 'AI Office - AI Board - Advisory Forum'에 이르는 거버넌스 체계를 수립하였다. 또한 OpenAI, 구글 등 민간기업들이 참여하는 'Frontier Model Forum', 'Partnership on AI' 등 민간 이니셔티브와도 협력해 나갈 예정이다. 이를 통해 투명성 규제표준과 행동강령 개발, 공시제도, 모니터링 프로세스 등을 신속히 추진할 것으로 예상된다.

투명성 평가지표를 개발하는 작업은 쉽지는 않겠지만, 이미 몇 개의 선행연구들이 존재한다. 그 중에서도 특히 스탠포드 대학의 기반모델 연구센터(CRFM)에서는 크게 기반모델 제공의 투명성을 Upstream, Model, Downstream 3가지로 분류하여, 데이터 소스 공개, 데이터 저작권, 신뢰성, AI 생성 컨텐츠 탐지, AI 모델의 환경영향 등 100여개의 지표를 제시하고 있어, 관련 기준을 마련하는 데에 참고가 될 것으로 예상된다.[101] 여기에서 관련기준이란 물론 개발기업들이 참고할 수 있는 행동강령도 포함한다.

Subdomain	Indicator	Definition
Data	Data sources	데이터 소스 공개
	Harmful data filtration	유해 콘텐츠 필터 설명 공개
	Copyrighted data	데이터 저작권 상태 공개
	Personal information in data	개인 정보 보함 공개
Data access	Queryable external data access	외부 데이터 접근성 공개
	Direct external data access	외부 직접 데이터 접근 공개
Compute	Development duration	모델 구축 시간 공개
	Energy usage	에너지 소비량 공개
Data Mitigations	Mitigations for privacy	개인 정보 완화 조치 공개
	Mitigations for copyright	저작권 정보 완화 조치 공개
Capabilities	Evaluation of capabilities	역량 결과 및 결과 보고
	Third party capabilities evaluation	제3자에 의한 역량 평가
Limitations	Limitations description	한계 공개
	Tihird party evaluation of limitations	제3자에 의한 한계 평가
Risks	Intentional harm evaluation	의도적 위험 평가 및 결과 보고
	Third party risks evaluation	제3자에 의한 위험 평가

---

101) 참고로 동 센터가 '23년 10월 주요 LLM에 대해 평가한 결과는 아직 미흡한 수준이다. 이에 따르면 가장 높은 점수가 오픈소스 방식인 메타의 라마 2가 획득한 54점 (100점 만점)에 불과하다고 발표되었다.

Model Mitigations	Mitigations description	완화 조치 공개
	Mitigations demonstration	완화 조치 시연
	Third party mitigations evaluation	제3자에 의한 완화 조치 평가 가능
Trustworthiness	Trustworthiness evaluation	신뢰성 평가 및 결과 공개
Distribution	Release process	모델 공개 과정 설명 공개
	Detection of machine-generated content	생성 콘텐츠 탐지 매커니즘 공개
Documentation for Deployers	Centralized documentation for downstream use	하류 사용 문서화 중앙 집중화
	Documentation for responsible downstream use	책임 있는 하류 사용 문서화 공개

[표 4] 스탠포드 CRFM & HAI의 투명성 지수(FMTI) 주요요소

EU는 또한 오픈 소스 모델에 대해 규세를 완화했는데, 무료로 제공되는 오픈소스 모델에는 위의 규제 중 '저작권 정책'과 '학습활용 콘텐츠 상세 요약 작성 공개'의 두 가지 의무만 적용되며, 다른 모델 규제는 면제된다. 단, 고영향 GPAI 모델로 지정되는 오픈소스 모델에는 모든 규제가 부과된다. 이에 따라 메타의 오픈소스 모델 중 가장 최신의 모델인 Llama 2나 Llama 3가 규제 완화의 혜택을 받을지는 미지수이다. 아직 고영향 모델 규제의 대상이 되는 모델의 최종적 목록은 발표되지 않았다. 참고로 오픈소스 모델 규제완화를 주창한 배경으로 얘기되는 프랑스 미스트랄의 대표적 모델 미스트랄 7B의 매개변수 숫자는 73억 개(Llama 2는 130억 개)이다.

오픈소스 모델은 폐쇄형보다 투명성, 개발자 협업기반 고도화의 용이성, 저렴한 비용, 모델개발의 자체적 역량이 부족한 국가나 기업도 쉽게

맞춤형 모델을 개발하는 데에 활용하여 LLM의 생태계를 넓히고 활용을 극대화할 수 있는 등의 장점이 있다. 하지만, 다운스트림의 이용자가 모델을 악용할 여지를 늘릴 수 있고 보안 측면에 취약할 수 있다는 우려도 존재하는 것이 사실이다. 이 규제완화 부분 역시 각국의 산업 전략 및 목표에 따라 준용될 것인지 여부가 결정될 것으로 생각된다. 참고로 다음에 소개될 미국에서는 아직 오픈소스에 대한 정책방향이 미정인 상태이다.

다음으로 고영향 GPAI 모델에 부과되는 규제를 좀 더 자세히 보면, 일반모델에 적용되는 규제에 더하여 위험평가(Risk Assessment)와 사이버 보안 조치 등의 의무가 부과된다. 특히 위험평가에는 레드 팀(Red Team) 테스트[102], 평가 프로세스 문서화 등이 필요한데, 역시 구체적으로 어떤 기준에 의한 평가를 할 것인지가 향후 개발되어야 한다. 이에 관한 상세한 논의는 너무 전문적이어서 이 책의 범위를 벗어나므로 생략하도록 한다. 고영향 모델 규제가 AGI의 잠재적 위협에 대응하려는 목적이 강하기 때문에, 출시 후에도 진화과정에 대한 지속적인 모니터링이 이루어지게 된다. 만약 향후 모니터링을 통하여 모델의 진화속도가 어느 단계에 가까워졌다고 판단되면 보다 강한 규제조치가 논의될 가능성도 부정하기 어렵지 않을까 생각된다.

고영향 모델에 대한 강한 비대칭 규제는 이른바 시스템적 리스크에 대한 통제를 목표로 하는 것이다. 고영향 모델 규제의 대상이 현재 시점에서는 OpenAI GPT-4, 구글 Gemini를 비롯한 미국 빅테크의 최첨단 모델에 한정되므로, 이 규제는 EU 시장에서 이들의 지배력을 제어하고 EU 기업들을 보호하는 데에 더 초점을 둔 것으로 해석되기도 한다. 오픈소스 방

---

102) AI Red Team은 AI 시스템의 결함과 취약성을 찾기 위한 테스트를 담당하는 팀이라고 정의된다.

식, 거대 모델의 파인튜닝 등으로 역량을 키워나가는 EU 기업들은 빅테크 수준으로 성장하기 전까지는 상대적으로 약한 규제의무의 보호를 받으며 역량을 키워갈 수 있는 것이다.

나. 미국 바이든 행정명령상의 모델 규제방안

미국의 AI 규제시스템은 EU와 여러 가지 면에서 차이가 있지만, 모델 규제에 있어서 가장 큰 차이점은 바이든 행정명령이 일반적 모델에 대해서는 별도의 규제방향을 언급하지 않는다는 점이다. 그러나 최고성능의 모델에 대해서는 EU의 고영향 GPAI 모델 규제에 준하는 규제방침을 밝혔다. 미국의 모델 규제대상이 될 '이중용도기반모델(Dual-Use Foundational Model)'은 고영향 모델과 유사하게 정의된다. 그 정의는 '광범위한 데이터로 훈련되고 광범위한 상황에 적용 가능한, 수백억 개 이상의 파라메터를 가진 모델'이다. 앞서 얘기했듯이 구체적으로 10^{26} 정수 또는 부동 소수점 연산(FLOPs)을 초과하는 컴퓨팅 성능을 사용하는 모델은 이에 해당되는 것으로 규정하고 있다. 이는 더 엄밀한 기준이 개발되기 전에 사용되는 기준이기는 하나, **EU의 고영향 모델 간주 기준(10^{25} FLOPs)에 비해 더 높은 기준을 설정**한 점이 주목된다. 행정명령 발표 이후 90일 이내에 상무부 장관이 이 모델의 개발기업들에 부여해야 하는 의무들은 다음과 같다.

우선 AI 위험관리 프레임워크와 리소스 개발, 레드 팀 테스트 관련 지침, 테스트베드 개발 등을 수행해야 한다. 안전하고 신뢰할 수 있는 AI 보장을 위해, '국방생산법'에 따라 지속적 보고 의무를 부여할 계획이다. 또한 이중용도기반 모델을 개발하거나 개발하려는 의도를 가진 회사는 보안 수단, 모델 가중치와 보호수단, 레드 팀 테스트 결과 등을 보고해야 한다. 한편, AI 모델의 학습과 운영에 사용되는 대규모 컴퓨팅 클러스터를 보유하려는 회사는 해당 클러스터의 존재 및 위치와 총액, 컴퓨팅 성능 등의 보고의무를 가진다. 또한 외국인이 미국의 AI 인프라(IaaS) 제공업체와 거래하는 경우, 해당 미국 업체가 상무부 장관에게 보고서를 제출하도록 하였다. 이런 규제의무의 준거법을 국방생산법으로 규정한 것에서 볼 수 있듯이 **최고성능 AI 모델을 중요 국방물자에 준하여 규제하려는 방침**이다.

한편 이중용도 기반모델 중 오픈소스 모델에 대해서는 어떤 규제방향이 바람직한지에 대한 다양한 의견을 요청하였다.[103] 오픈소스는 혁신을 촉진하나, 악용자가 모델 안전장치를 제거하는 등 보안 위험도 존재하는 것으로 보고, 관련된 다양한 위험요인들을 연구할 계획이다. AI 학습을 지원하기 위해 연방 데이터의 공개를 추진하되, 악의적 사용을 방지하는 내용도 언급되었다. 연방 데이터 공개의 잠재적인 보안 위험을 식별하고 관리하기 위한 검토를 포함하여, 보안 검토 수행을 위한 초기 지침을 개발하라는 것이다. 마지막으로는 '국가 안보각서' 개발을 추진하여, 국가 보안 시스템의 구성 요소로 사용되거나 군사 및 정보 목적으로 사용되는 AI의 거버넌스를 정립하라고 요청하고 있다.

정리하면, 미국의 모델규제는 EU보다 규제대상이 좁고 초점이 명확하여, AGI로 진화할 가능성이 큰 최고수준 모델만을 대상으로 한다. 이에 대한 규제내용은 EU의 고영향 모델 규제와 유사하나, 두 가지 측면에서는 차이가 보인다. 즉 그 목적에 있어서 생화학적 무기 개발을 비롯한 **안보적 측면이 강조**되어 있다는 점과, **외국의 주체가 미국의 최고성능 모델을 사**

---

103) 행정명령의 발표 직후 앤드리슨 호로위츠, 메타의 얀 르쿤을 비롯한 오픈소스 방식을 주도하고 지지하는 진영에서는 공개서한을 통해 오픈소스에 대한 규제가 불필요함을 주장하였다.

용하는 것에 대한 모니터링을 중요하게 생각한다는 점이다. 미국은 모델규제에 있어서 최고성능 모델들이 통제하기 어려운 단계로 진입하지 않는지, 또 그 전 단계에서라도 경제적, 군사적 차원의 안보 위협을 초래하는 방식으로 사용되지 않는지 상시적으로 모니터링 하는 데에 초점을 두고 있는 것으로 해석된다.

마치며

EU나 미국 시장에서 모델 관련 사업을 영위하기 위해서는 당연히 해당 국가의 모델 규제를 따라야 한다. 그러나 다른 나라의 국내법제가 만들어질 때 EU나 미국의 모델 규제방식이 얼마나 글로벌 표준으로 작용할지는 알 수 없다. 나라마다 나름의 방식으로 LLM 기술을 확보하는 것은 매우 중요한 국가전략이다. LLM 분야(뿐만 아니라 인프라, 서비스 등 모든 분야)를 선도하는 미국은 안보위협과 미래의 시스템적 위협에 대한 대응을 제외하고는 자유로운 혁신에 초점을 둔 정책방향을 펼칠 것으로 생각된다. 이에 반하여 EU는 미국 빅테크에 의한 시장지배력을 제어하면서, 역내의 기업들이 오픈소스 방식을 통해 LLM 기술과 생태계를 발전시키고 또 각 부문에 공유되어 자유롭게 활용되도록 하는 방향을 추구하고 있다.

전반적 규제방향과 규제강도의 분명한 차이점에도 불구하고 EU와 미국의 모델규제가 궤를 같이하고 있는 부분은 **AGI, 혹은 초지능으로 진화할 가능성이 높은 최고성능 모델에 대한 모니터링 체계를 마련**하고 있다는 것이다. 일반적 AI 규제이슈에 대해서는 인류의 통제가능성이 높으므로 각국의 산업역량과 목표에 따라 바람직한 규제체계를 적용하면 되지만, 리스크의 수준과 통제가능성에 불확실성이 높은 초지능에 대해서는 자율적 개발과 진흥 일변도로 접근하기 어렵다는 점에 컨센서스를 이룬 듯하다. AGI 기술에 대한 모니터링이 글로벌 차원에서 확산되더라도 각국의 구체적 실행체계는 역시 다양하게 나타날 수 있다. AGI에 대한 모니터링 체계는 초지능의 출현여부 점검에 집중하되, 자칫 혁신적 AI 기술의 바람직한 활용까지 저해하는 결과가 되지 않도록 세심한 주의가 필요하다고 생각된다.

우리나라도 AGI로 진화할 가능성이 높은 모델이 제기하는 리스크에 대해서는 분명한 대응이 필요하나, 글로벌 차원에서의 우리나라 모델 개발 경쟁력을 침해하도록 근본 목적을 벗어난 과도한 규제가 부과되어서는 안 될 것이다. EU와 미국에서 향후 정립되어 나갈 구체적 규제기준을 참조하되, 규제의 초점이 될 모델들을 명확히 구분하여 정의하고, 필요 최소한의 의무를 부과하기 위해 세심한 선택이 필요하다. 우리나라에 적합한 선택을 위해서는 AI 개발을 담당하는 기업들과의 긴밀한 소통과 협력이 필수적인 것은 더 말할 나위 없다.

4. AI 서비스에 대한 기타 중요 규제 이슈

앞 장의 AI 모델에 대한 규제에 이어, 이 장에서는 AI 시스템이 실제 시장에서 사용될 때 발생할 수 있는 이슈들에 대한 제도적 측면을 다루기로 한다. 이 책의 Part I에서 우리는 AI 시스템이 제기하는 다양한 이슈를 살펴보았다. 이런 이슈들의 대응에는 앞 두 절에서 소개한 제도들 이외에도 다양한 제도들이 관련된다. 허위정보 관련 제도, 제품이나 서비스의 안전성과 피해보상 관련 제도 등도 관련성이 높겠지만, 이 책에서는 두 가지 제도에만 초점을 두기로 하였다. 이는 저작권 제도, 그리고 프라이버시 보호 제도이다. 이들은 현재시점에서 AI가 시장에서 가장 많은 이슈를 제기하고 있는 분야이며, 또한 모델 개발기술의 촉진 차원에서도 해결이 필요한 중요한 문제이기 때문이다.

모델규제가 각국의 AI 산업 육성방향에 따라 다르게 나타날 것이라 했지만, 서비스에 관한 제도들도 이와 다른 이유 때문에 국가 간에 상이하게 진행될 수 있다. 이는 각국의 기존 제도들이 AI 시스템의 특성을 전제하고 만들어진 상태가 아니기 때문이다. 저작권, 허위정보 등은 사람에 의해 사람 간에 발생하는 이슈들 중심으로 만들어져 있고, 안전성은 AI와 같은 디지털 프로덕트를 대상으로 정립된 제도가 아직 아니다. 또 개인정보 보호 문제는 데이터 경제를 대상으로 만들어진 제도들이 있으나, 아직 생성형 AI가 추가로 일으킬 수 있는 문제에 대해서는 대부분 추가적 검토가 필요한 상태이다.

AI로 야기되는 문제들에 대해서는 새로운 제도가 만들어지기 전에는 이러한 기존 제도의 틀 안에서 새로 해석될 것이다. 그런데 이런 제도들의 배경이 되는 기본 원칙 수준에서는 국가별로 큰 차이가 없으나, 실제 제도의 현재 모습은 국가의 시장상황이나 사회, 정치적 환경에 따라 상당한 차이가 존재하고 있는 것이다. 더욱이 각국의 산업육성 전략에 따라 그 차이점은 더 명확히 나타날 수 있다. 따라서 **글로벌 차원에서 AI 사업을 영위하려는 기업들은 상당기간 동안 이들 제도의 국가 간 차이에 대해 주의하면서 진행해야 되는 상황**이 펼쳐질 것이다.

가. 생성형 AI와 저작권 제도

Part I에서 우리는 생성형 AI가 야기할 수 있는 저작권 관련 이슈들을 살펴보았다. 모델의 학습에 사용되는 데이터가 저작권을 침해할 수 있는 문제, 인공지능으로 생성한 콘텐츠가 저작권을 침해할 수 있는 문제가 소개되었다. 그런데 여기에 하나의 이슈가 더 발생할 수 있다. 바로 앞으로 생성형 AI를 사용하여 만든 콘텐츠에 대해 저작권을 인정할 것인지의 문제이다. 현재의 대부분 국가의 저작권법은 인간만의 창의성과 인간만의 창작물을 보호하려는 목적으로 만들어져 있기 때문이다. 아직 우리 인류사회에서 이런 변화를 겪어보지 못해서 제도적으로 수많은 이슈를 야기시킨다. 이 절에서는 이상과 같이 크게 세 가지로 구분하여 생성형 AI와 저작권 관련한 제도적 측면을 소개하기로 한다. 본 절에서 소개할 세 가지 이슈를, AI를 활용한 콘텐츠 생성과정 및 각 과정에서 발생할 수 있는 저작권 문제로 도식화해보면 다음과 같다.

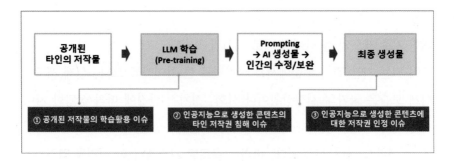

[그림 18] LLM을 통한 콘텐츠 생성과정과 저작권 이슈

(1) 모델 학습데이터와 저작권 - 공개된 저작물의 학습활용 이슈

제일 먼저 소개할 이슈는 인터넷상에 공개된 타인의 저작물을 LLM 학습
데이터로 사용할 때 저작권을 침해할 수 있는 부분에 대한 이슈이다. 최근
LLM들이 학습데이터 사용의 저작권 침해 소지에 대해 보다 신경을 쓰고,
또 일반 인터넷 자료 이외에 좀 더 전문화된 데이터들을 확보하여 사용하는
추세이다. 그러나 현재의 LLM들을 만든 사전학습 과정에 전 세계의 인터넷
데이터를 크롤링(Crawling) 해서 사용하는 부분이 매우 큰 비중을 차지하
는 것이 사실이다.

인터넷상에 공개된 데이터라 할지라도 타인이 마음대로 사용할 수 있는
것은 당연히 아니다. 인터넷상에는 매우 다양한 성격의 데이터가 존재하며,
이런 다양성만큼이나 저작권법상의 함의가 다른 것이다. 저작권자의 적절
한 허락을 받고 학습에 이용하는 경우는 당연히 문제가 없으나, 인터넷 데
이터 크롤링을 반복적으로 하여 데이터셋을 구축, 학습에 이용한다면 타인
저작권을 침해하는 경우가 생겨 저작권법에 의한 제재가 적용될 수 있다.

그런데 생성형 AI 이전에도 디지털 시장에는 데이터를 활용한 사업이나
활동이 광범위하게 확산되어 왔다. 이런 데이터에 저작권을 침해할 소지

가 있는 데이터가 포함되어 있을 경우, 저작권자에게 적절한 허락을 받아 사용하면 문제가 되지 않는다. 그런데 데이터 기반 경제의 촉진 차원에서, 각국에서는 일정한 경우에 데이터의 활용을 저작권법 적용에서 면책시켜 주는 제도들이 만들어졌다. 대규모 데이터를 사용할 때 좀 더 간소한 방식으로 위법성을 해소할 수 있게 해주려는 것이다. 대표적인 두 가지가 바로 공정이용(Fair Use) 제도와 텍스트-데이터 마이닝(TDM: Text-Data Mining) 면책제도이다.

공정이용(Fair Use)과 TDM 면책제도

우리나라의 저작권법은 공정이용에 관해 '저작물의 통상적인 이용 방법과 충돌하지 아니하고 저작자의 정당한 이익을 부당하게 해치지 아니하는 경우에는 저작물을 이용할 수 있다'고 규정하고 있다. 또한 이에 해당하는지 판단의 기준으로 이용의 목적 및 성격, 저작물의 종류 및 용도, 이용된 부분이 저작물 전체에서 차지하는 비중과 그 중요성, 그리고 저작물의 이용이 그 저작물의 현재 시장 또는 가치나 잠재적인 시장 또는 가치에 미치는 영향 등을 고려하도록 하고 있다.[104] 공정이용 제도는 주요 국가에서 유사한 원칙에 의해 법제도화 되어 있다.

국내외에서 타인 저작물 이용이 공정이용에 해당하는지 판단할 때 두 가지 측면이 중요하게 생각되어 왔다. 첫째, 원저작물과 다른 표현 등이 추가되어 단순복제를 넘어서는 이른바 **변형적 이용(Transformative Use)이 이루어지고 있는지** 여부, 그리고 이것이 상업적으로 이용됨으로써 원저작물과 시장에서 **큰 대체 관계가 되어 원저작자의 이익을 침해하는지**의 여

---

104) 출처: 저작권법 제35조의5(저작물의 공정한 이용)

부이다. 변형 정도가 클수록 이익침해 가능성도 낮아짐은 물론이다. [105]

공정이용 관련 중요한 판결: 앤디 워홀의 프린스 작품 사례

미국 대법원에서는 '23년 5월 공정이용과 관련하여 중요한 의미를 가지는 판결이 있었다. 이 사례는 생성형 AI와 관련된 것은 아니지만, 공정이용 제도에 관한 쟁점들과 다양한 견해들을 살펴볼 수 있는 사례이므로 간략히 소개하도록 한다. [106] 앤디 워홀은 린 골드스미스라는 사진가가 뉴스위크지의 의뢰로 '81년에 찍은 유명 아티스트 프린스의 사진을 기반으로 16개의 이미지를 실크 스크린으로 만들었다. 워홀은 프린스 이외에도 마릴린 먼로, 리즈 테일러 등 유명인들에 관해 유사한 방식으로 작품을 만든 바 있고, 이는 워홀의 대표작 중 하나이다. 처음에는 Vanity Fare라는 잡지사에서 '84년에 사진가에게 400달러를 지불한 후, 워홀에게 잡지 기사의 삽화 용도로 이 사진을 기반으로 한 작품을 의뢰했다고 한다. 워홀은 16개의 이미지를 만든 후 저작권 등록을 했고, 그 중 하나를 잡지에 실었다. 그러다 '16년 프린스가 타개한 후 Vanity Fare는 그 이미지 중 하나인 'Orange Prince'를 잡지 커버로 쓰면서, 사진가가 아닌 앤디 워홀 재단에게만 10,250달러를 지불하였다고 한다. 이에 따라 사진가 골드스미스는 저작권 침해를 이유로 워홀 재단에 소송을 제기하게 된 것이다.

오랜 동안의 재판 과정에서 고등법원(2심)에서는 워홀 재단이 승소했으나, '23년 5월 미국 대법원이 내린 최종판결은 사진작가의 손을 들어주었다. 대법관 사이에서 7대 2로 결정된 판결에서, 대법원은 워홀 작품에서 사진 대비 변형이 있었음은 인정하였다. 그러나 그럼에도 공정이용에 해당하지 않는 이유는 사진과 워홀 작품

---

105) 데이터 이용의 결과가 시장에서 원저작자의 이익을 침해하는지가 중요한 판단기준이라는 점에서, LLM 학습데이터가 공정이용 요건에 해당되는지는 다음에서 얘기할 LLM을 통해 생성된 생성물이 타인의 저작권을 침해하는지와도 연관될 수 있는 문제이다.

106) 이하의 내용은 주로 다음의 문헌을 참조하여 작성되었다.
Totenberg ('22. 10), 'The Supreme Court meets Andy Warhol, Princeand a case that could threaten creativity', npr
de Vogue ('23. 5), 'Supreme Court rules against Andy Warhol in copyright dispute over Prince portrait', CNN

공히 매거진 스토리를 위해 사용(동일한 목적) 되었고, 상업적 이용이기 때문이라고 밝혔다. 만일 두 작품의 목적과 특성에서 충분한 차이가 있었다면 결론이 달라질 수 있었다는 것이다.

그런데 이 판결은 아직도 논쟁의 주제가 되고 있다. 일부 전문가들은 저작권법의 너무 엄격한 적용은 표현의 자유 침해 소지가 있다고 주장한다. 워홀재단은 본래의 사진이 프린스의 연약한 인간적 측면을 강조한 반면, 워홀 작품은 이미지에서 인간성을 삭제함으로써 사회가 유명인을 인간이 아닌 상품으로 보는 점을 지적했으므로 충분히 변형적이라고 주장하였다. 소수의견을 낸 대법관 중 하나인 Kagan 대법관도 2심 법원의 판결 결과가 옳다고 하면서, 실크스크린과 사진의 미적 특성은 매우 다르며, 두 작품이 지닌 의미도 다르다고 지적하였다. 또한 예술가들은 모든 걸 스스로 창조하는 것이 아니며, 역사적으로 유명한 사례들을 언급하면서 다른 작품에서 빌려오지 않으면 창작을 할 수 없을 정도라고 하였다. 명확한 이론과 기준에 의거하지 않은 이번 판결은 오히려 새로운 아이디어의 창발을 억제할 것이라는 것이 Kagan 대법관의 입장이다.

한편, TDM 면책제도란 일부 국가에서 데이터를 활용한 디지털경제 촉진 차원에서 도입된 제도로서, 국가별로 차이는 있으나, 한정된 조건하에서 컴퓨터에 데이터를 복제하는 등으로 타인 저작물을 이용할 수 있게 하는 제도이다. 공정이용이 구체적 분야와 무관하게 일정 판단기준을 적용하는 것에 반하여, TDM 면책제도는 텍스트–데이터 마이닝이라는 구체적 행위에만 적용된다. 웹 크롤링은 TDM의 대표적 사례 중 하나이다. 이는 LLM의 구체적 학습과 이용방식에서 저작물의 복제가 이루어지는 경우에는, 생성형 AI와 관련해서도 중요한 의미를 가질 수 있다. TDM 면책제도는 글로벌 차원에서 보편적으로 도입된 제도는 아니다. 도입국 중 하나인 영국에서는 비상업적 목적으로 타인 저작물을 컴퓨터로 분석하기 위해 복제하는 것을 허용한다. 그러나 그 저작물에 대해 적법한 권한을 가진 사람에 한정되고, 원 출처를 밝혀야 하며, 타인에 양도할 수 없다.

일본의 저작권법은 이보다 더 전향적인 내용의 TDM 면책을 '19년에 도입했다. 즉, 저작권자의 이익을 부당하게 침해하지만 않고, 저작물에 표현된 사상이나 감정 향수를 목적으로 하지 않는 경우에는, 영리적으로도 이용할 수 있게 규정하고 있다. **저작물 자체를 즐기기 위한 목적이 아니라면 상당히 자유로운 데이터 이용을 허용**한 것이다. 우리나라에서 TDM 면책 규정 도입은 시도되고 있으나 아직은 논의수준에 있다. 저작물에 대해 적법한 권리를 가진 사람에게만 허용할 것인지, 상업적 목적에도 허용할 것인지 등이 주요 쟁점이 될 것이다.

인간의 창의성 보존과 LLM 역량확보 간의 균형적 해법은?

이런 제도들이 만일 매우 엄격한 기준하에 도입된다면, LLM의 학습과 이용행태 전반의 적법성을 판단하는 것은 매우 어려울 수밖에 없다. LLM의 학습과정에서 사용되는 거대한 데이터셋 내의 어떤 데이터가 저작권 침해소지가 있는지 일일이 밝히는 작업은 모델개발 기업의 입장에서 보면 매우 어려운 일이다. TDM 면책제도의 관점에서는 LLM의 학습과정에서 기술적으로 데이터의 복제 여부와 복제 내용 등을 살펴봐야 하는 것도 이슈이다. 또 각 데이터가 학습에서 정확히 어떤 역할을 하고 LLM이 생성해낸 결과물에 얼마나 기여한 것인지도 정확히 알아내기 어렵다. LLM을 비롯한 현재의 대부분 AI 모델이나 시스템은 블랙박스에 가까워, 그 설명가능성(Explainability)이 매우 낮은 수준이기 때문이다.

LLM의 데이터 사용과 LLM을 통한 생성물에 대해 해당 LLM이 저작권을 침해하는 데이터를 사용한 것인지, 사용했다 하더라도 생성된 그림이 저작권을 침해하는 것인지 아니면 변형적 이용에 해당하는지, 그리고 사용된 데이터와 생성물 간에 연관성이 있긴 한 것인지 등이 모두 잠재적으로 쟁점이 될 수 있을 것이다. 한편 LLM에 저작물의 이용을 어느 정도 허용한다고 해도 이용목적에 강한 제한이 걸린다면, LLM 기업은 데이터셋 확보에 있어서 보다 철저한 저작권 이슈 해결이 필요할 것이다. 한편, 이때 자금력이 강한 빅테크에 비하여 규모가 적은 기업들이 거대 모델 개발에 있어서 상대적으로 불리한 여건에 처할 수 있다.

이 책의 앞부분에서 현재 LLM과 저작권 관련한 많은 갈등과 소송이 진행되고 있고, 일부 사례에서는 거대 IP 보유자와 빅테크들 간의 협정을 통하여 해결되고 있음을 소개했다. 대규모 기업 간에는 학습데이터 저작권 이슈를 미리 해결하고 모델이나 서비스를 출시하려는 시도들이 많아지고 있다.

OpenAI는 악셀슈프링어와의 협정을 통해 모델 학습에 악셀슈프링어의 콘텐츠를 이용하고 콘텐츠 요약 소개 등의 서비스를 제공할 수 있도록 하였다. 셔터스톡, Adobe는 플랫폼 이용자가 생성물에 대해 저작권 걱정이 필요 없는 서비스를 출시했고,[107] 게티도 Nvidia와 협업하여 사진 생성형 AI를 출시하면서, 학습데이터 라이센싱 문제를 다 해결해서 이용자는 생성물에 대한 영구적 권리를 보유한다고 홍보한 바 있다.[108] New York Times도 AI 업계와 협정을 시도하고 있다고 알려진다. AI 모델기업이 학습데이터 확보를 위해 추진하든, IP 보유자가 직접 생성형 AI 서비스를 출시하든 간에, 저작권 문제의 해결은 최근 생성형 AI 시장에서 사업의 불확

---

[107] 참고: Gold('23. 7. 6), 'Shutterstock offers customers legal indemnity for AI-created image use', Computer World(https://www.computerworld.com/article/3701932/shutterstock-offers-customers-legal-indemnity-for-ai-created-image-use.html)

[108] 참고: Goode('23. 9. 25), 'Getty Images Plunges Into the Generative AI Pool', Wired(https://www.wired.com/story/getty-images-generative-ai-photo-tool/)

실성을 해소하고 차별적 경쟁력을 확보하기 위한 중요 수단으로 부상하고 있는 것이다. 빅테크와 IP 보유자 간의 이런 협정은 그들 간의 소송들과 함께 계속 진행될 것으로 예상된다.

이와는 반대방향에서, 창작자가 모델의 저작권 위반을 원천 봉쇄하도록 돕는 기술적 수단들도 나오고 있다. 대표적으로 시카고 대학이 개발한 나이트쉐이드(NightShade), 글레이즈(Glaze) 등의 솔루션을 들 수 있다. 나이트쉐이드는 저작권자가 자신의 저작물이 학습에 사용되는 것을 원치 않을 때, 이를 크롤링 하여 학습에 사용하면 모델이 피해를 입게 만드는 솔루션이다. 글레이즈는 자신의 스타일에 따른 이미지 생성을 방해하는 솔루션이다.[109] Stability AI의 경우는 논란을 없애기 위해 아예 특정 창작자의 스타일을 반영한 그림 생성기능을 삭제했다고 발표한 바 있다.

향후 생성형 AI 학습데이터와 관련한 저작권 이슈 해결에는 어떤 점들이 중요하게 고려되어야 할까? 좋은 제도란 원저작자와 AI 모델 관련자 양측의 기여에 합당한 수익배분이 이뤄지면서, 인간과 AI 공존 환경에서의 바람직한 저작권 체계 발전방향을 반영해야 할 것이다. 이상에서 본 시장기반의 해결책은 분쟁의 소지를 원천적으로 없앤다는 점에서 일견 바람직하지만, 앞부분에서도 언급한 바와 같이 여전히 몇 가지 문제는 남는다고 생각된다.

첫째, IP Holder의 지배력에 따라 계약조건이 천차만별이 될 수 있다. 군소 IP Holder나 개인 창작자의 경우 계약 자체가 어려워서 법제도가 마련될 때까지 오래 걸릴 수도 있다. 이는 콘텐츠 창작 커뮤니티에서의 불평

---

[109] 참고: 박찬('23. 10. 23), '동의 없이 이미지 가져다 쓰면 AI '붕괴'…강력한 저작권 방어 수단 등장', AI 타임스(https://www.aitimes.com/news/articleView. html?idxno=154616)

등을 심화시킬 수 있다. 둘째, 모델 개발자 측면에서도 스타트업이나 중소기업은 빅테크와 동일한 조건의 협정을 체결하기 어려울 소지가 많다. 셋째, 이런 계약방식만으로는 학습데이터에 포함된 모든 타인 저작물에 대한 저작권 이슈 해결이 불가능할 것이다. 모델개발 기업에게 학습데이터의 어느 부분까지 저작권 이슈 없이 사용될 수 있는지에 대한 불확실성이 남는 것이다. 따라서 제도적 불확실성이 가급적 신속히 해소되어야 한다.

위에서 간단히 소개되었듯이, EU는 AI 개발 및 배포자에게 데이터의 출처를 밝히도록 하는 강한 규제의무를 부과해, 저작권 관련한 간접적 규제로 작용하고 있다. 그러나 이런 모든 이슈들에 대응하기 위한 보다 확실한 방법은 국가 전체적으로 정해진 AI 산업 정책방향에 따라, 현재의 저작권법을 생성형 AI의 특성을 고려하여 개정하는 것이다. 여기에는 LLM 사전학습과 관련한 공정이용의 허용범위, TDM 면책제도의 도입여부과 허용기준 설정이 포함되어야 한다. 기술개발 불확실성을 줄이기 위해, 이런 제도들은 신중하게, 그러나 가급적 빠른 시일 내에 명확히 결정할 필요가 있다.

나라마다 현재의 저작권법을 개정할 때 그 국가의 정책에 있어 다양한 요소 간 상대적 고려 비중에 의해 구체적 제도의 모습이 결정될 것이다. 우리는 모두에서 인간의 창의성이 장기적으로 보존되는 것이 중요하며, 그렇지 않을 경우 인류문화의 미래에 부정적임은 물론 LLM의 진화도 한계에 부딪힐 수 있음을 언급하였다. 따라서 인간의 창작물에 대한 충분한 보호가 전제되어야 한다는 것은 당연하다. 그러나 LLM 개발 역량을 촉진하는 것 역시 국가의 미래를 위해 매우 중요한 정책목표이다. 우리나라의 경우 TDM 면책제도의 도입 논의가 조속히 진행되는 것이 우리나라 AI의 발전에 매우 중요한 이슈라고 생각된다.

(2) 인공지능으로 생성한 콘텐츠의 저작권 침해 이슈

생성형 AI는 이미 창작자들에게 유용한 도구로서 널리 사용되고 있지만 앞으로 기능과 성능 향상에 따라 더욱 보편화될 것으로 예상된다. 사람들은 AI를 다양한 분야의 창작에 다양한 용도로 사용하게 될 것이다. 글을 쓸 때 기초를 잡는 용도로 가볍게 사용하거나, 이미 작성한 글의 톤을 바꾸고 오류를 수정하는 데에 쓰는 사례는 타인의 저작권을 침해할 소지가 적을 수 있다. 그러나 아예 처음부터 의도를 가지고 저작권이 보호되는 특정 작품과 유사한 글이나 그림, 음악을 생성하도록 AI를 사용하는 경우도 있을 수 있다. 이런 다양한 사용법에 따라 AI를 통한 생성물의 저작권 침해에 관한 이슈가 다양하게 나타날 수 있다.

이 문제를 제도적으로 접근할 때 고려할 수 있는 점은 두 가지이다. 먼저 타인의 저작권을 침해하는지에 대한 판단기준이 AI를 사용한 생성물과 인간의 창작물에 대해 동일하게 적용되어야 하는지의 이슈가 있을 것이다. 다음으로 타인의 권리를 침해했을 때 과연 누가 책임을 질 것인지의 이슈도 있을 수 있다. 모델 개발자나 배포자의 책임인가? 프롬프트를 입력하고 결과물 수정에 관여한 이용자인가? 생성형 AI 모델을 통해 이용자에게 서비스를 중개하는 플랫폼도 책임이 있을까? 아니면 모두에게 책임이 있는가?

저작권 침해의 판단 기준에서 가장 중요한 것은 통상 두 가지이다. 즉, '**의도/의거성**'이 있으면서 '**결과적으로 유사성이 어느 정도로 큰가**'에 대한 판단이다.[110] 생성형 AI가 생성한 콘텐츠와 관련해서 판단할 때, 모델의 이용자가

---

110) 이는 학습단계에서의 공정이용이나 TDM 면책여부와는 별도로, 모델로 생성된 결과물의 저작권 침해여부에 대한 판단기준을 의미한다. 그런데 실제로 IP 보유자와 LLM 개발기업 간의 분쟁사례는 양쪽 이슈를 모두 포함하는 경우가 많을 수 있다. 즉, 무단으로 저작물을 학습에 이용했음과 동시에, 모델로 생성된 결과물이 저작권을 침해했다는 점이 법적 문제로 제기될 수 있다.

본래부터 저작권을 침해할 의도로, 그리고 기존 저작물에 의거하여 결과물을 생성하였는지가 핵심이 되는 것이다. 그런데 LLM의 성격을 고려하면, 이를 사용하여 생성한 결과물만 놓고 의거성을 판단하는 것은 쉽지 않을 것이다. 사람과 사람 사이의 관계에서는 문제가 되는 사람의 '창작과정'을 살펴봄으로써 다른 사람의 창작물을 복제하여 유사한 콘텐츠를 만들었는지 판단할 수 있다. 하지만 LLM의 경우 그런 동일한 기준을 창작과정 대신 LLM의 생성과정에 적용함으로써 특정 작품의 복제여부나 정도를 판단하는 것이 현실적으로 가능할지 생각해볼 필요가 있다.

AI 모델을 사용한 결과 어떤 콘텐츠와 크게 흡사한 콘텐츠가 생성되었다고 하자. 만일 이용자가 기존의 특정 콘텐츠가 필히 사용되도록 프롬프트로 특별히 요청하였다면, 그 점이 의거성 판단에 있어 고려요소가 될 수 있다. 그러나 이용자가 특별히 그런 의도가 있거나 그런 요청을 하지 않았더라도, 모델이 사전에 학습한 수많은 데이터 중에서 해당 콘텐츠를 일부 참조하여 그 결과물을 생성했을 수도 있다. 그렇다면 어느 정도로 의거성을 입증할 수 있으며, 또 누구의 책임을 물을 수 있을까? 해당 이용자인가, 그 콘텐츠를 학습에 이용하고 또한 유사한 결과를 생성할 수 있게 알고리즘을 개발한 모델 개발자의 책임인가, 아니면 모델로 서비스를 제공한 배포자인 플랫폼의 책임인가?

이 모든 질문에 현재의 인간 창작자 중심의 저작권법은 명확한 답을 주기 어렵다. 개별 사례마다 조금씩 다른 제도적 성격이 있을 수 있어, 다양한 쟁점이 나타나게 될 것이다. 유사해 보이는 사례들일지라도 각각에 대한 제도적 판단결과에 많은 차이가 나타날 수 있다.

한 가지 덧붙이자면, 저작권법이 보호하는 대상은 통상 창작자의 창의적 표현(Creative Expression)이며, 아이디어나 독특한 스타일 등은 보호대상이 아니다. 외견상 유사해 보이는 콘텐츠도 풍자와 같은 맥락에서는 허용되기도 한다. 유사한 스타일의 그림을 생성하는 것에 대한 저작권법 차원의 판단이 사례별로 다소 복잡해질 수 있는 이유이다. 그러나 이런 사례에서 저작권법만이 고려대상인 것은 아니다. 이 책의 모두에서 소개한 것처럼, 영화를 제작할 때 배우 이미지를 기반으로 한 생성형 AI 활용, 기존 가수와 유사하게 만든 합성음성을 통한 리메이크 등의 사례에서는 저작권 외에도 퍼블리시티권 침해 여부, 인격표지영리권, 초상권 등도 이슈가 되어왔다. 상세한 설명은 어렵지만, 이런 제도 차원에서의 판단도 같이 이루어져야 하는 것이다.

저작권법을 비롯한 다양한 관련 법제도가 개정되기 전까지는 앞 섹션의 이슈를 포함하여 수많은 갈등사례가 나타날 것이며, 현재 진행 중인 소송들의 결과가 중요한 역할을 할 것으로 생각된다. 이런 이슈들의 해결을 위해 미국 저작권청을 비롯한 많은 국가들이 관련 법제도의 명확성을 향상시키기 위해 노력하고 있다. 제도 개선 시에는 생성형 AI의 학습방식이나 결과 도출방식 등의 특성이 고려되어야 함은 물론이다. 신중한 논의가 이루어져야 하겠지만, 앞서 얘기한 생성형 AI의 특성과 향후 확산될 추세를 고려하면, 많은 경우 저작권 보호의 원칙에 크게 어긋나지 않으면서도 LLM 기술의 혁신을 촉진할 수 있는 해결책이 나올 것으로 기대한다.

(3) 인공지능으로 생성한 콘텐츠에 대한 저작권 인정 이슈

마지막으로 생성형 AI가 제기하는 저작권 이슈 중에서 가장 답하기 어려운 이슈가 있다. 바로 AI 모델을 통해 생성된 콘텐츠에 대해 저작권 등의 권리를 인정할 것인지이다. 이 부분은 기존의 참고 가능한 법제도 자체가 매우 적고, 이 책의 모티브이기도 한 인간과 인공지능 간의 바람직한 협업

체계에 관한 것이므로 더 어렵게 생각된다.

대부분 국가의 현재 저작권법은 인간만이 창작능력을 보유하고 있다는 전제하에, 인간의 창작물에 대해서 권리를 보호하기 위해 만들어지고 유지되어왔다. 이런 체제가 앞으로도 유지되어야 하는지에 대해서 논쟁이 진행 중이다. 인간의 창의성 촉진을 위해 생성형 AI의 도입 이후에도 여전히 인간의 창작행위만을 보호하는 것이 바람직하다는 주장과, 지재권이 많이 만들어지는 것을 촉진하는 것이 지재권법의 목적이므로 IP가 어떻게 만들어지는지와 무관하게 보호될 필요가 있다는 주장이 대립하고 있다.

우리는 인간에게만 인정하던 권리를 인공지능에게도 확장할 준비가 되어 있는가? 과연 인공지능의 생성기능을 창작으로 인정할 수 있을까? 또 만일 인간과 인공지능의 협업 결과물에 대해 저작권을 인정할 여지가 있다면, 누구에게, 어떤 정도의 기여가 있을 때 부여해야 하는가?

인간의 창작부분에 대해서만 저작권을 인정하던 기존제도를 재검토중인 미국

아직은 EU 회원국들을 포함한 많은 국가들이 인간에 의한 창작물만을 저작권 보호대상으로 규정하는 체계를 유지하고 있다. 다만, 동시에 생성형 AI로 야기되는 지적재산권 이슈들을 해결하기 위해 다양한 검토도 진행되고 있다. 대표적인 국가가 미국이다.

먼저 미국에서 이 논쟁을 촉발시킨 유명한 사례를 살펴보자. Thaler 박사라는 인공지능 전문가가 '19년 자신이 개발하고 소유한 'The Creativity Machine'이라는 인공지능이 그린 그림 〈A Recent Entrance to Paradise〉에 대해, 머신에게 저작자의 지위를 부여하고, 저작권은 머신의 소유자인 자신에게 부여해 달라고 저작권청에 요청한 사건이 있었다. 이 그림은 인간(자신)의 최소한의 지시만으로 머신이 그린 그림이라는 것이다. 그런데 이 요청은 '19년 당시는 물론, '22년 3월의 재심사에서도 거부되었다. 그 이유는 미국 저작권법은 인간 작가의 저작권만 보호한다는 것이었다.[111]

그러나 이후 생성형 AI의 확산에 따라 미국 특허청은 AI로 인한 지재권 정책의 개선방향을 검토할 필요가 있다고 결정했다. '23년 2월 의견수렴 절차를 개시했으며,[112] 상원에서는 '23년 6월 청문회를 연 바 있다. 미국 저작권청이 주로 검토하고 있는 이슈들에 대해서는 이 절의 마지막 부분에 종합적으로 소개하기로 한다. 한편, 생성형 AI의 사용에 대해서 제도의 개선 이전에는 현행법에 따라야 하므로, 이를 돕기 위해 저작권청은 '23년 3월 'AI를 통한 생성물을 포함한 작품에 대한 저작권 등록 가이드라인'을 발표했다.[113] 여기에서는 먼저 미국의 현재 저작권법 기준을 살펴보기 위해 동 가이드라인의 주요내용을 소개한다.

미국 저작권청은 생성형 AI로 인해 야기되는 대표적 이슈를 세 가지 들었다. '생성물이 저작권의 보호대상인가', '인간의 저작물과 인공지능 생성물이 혼합되었을 때 등록이 가능한가', 그리고 '저작권청에 어떤 정보를 제

---

111) 조금 더 구체적으로 소개하면, Thaler 박사는 이 작품을 미국 저작권법상의 업무상저작물(Work made for hire) 개념을 활용하여 등록하려고 시도했다. 이 경우 작가를 작품창작에 고용한 고용주가 그 작품의 저작권자로 인정받기 때문이다. 즉, 머신이 저작자이고 머신의 소유자인 자신은 저작권자로 인정해달라는 논리였다.
참고: Copyright Review Board('23. 2), 'Re: Second Request for Reconsideration for Refusal to Register A Recent Entrance to Paradise(Correspondence ID 1-3ZPC6C3; SR # 1-7100387071)'

112) 참조: US Copyright Office('23. 8), 'Artificial Intelligence and Copyright'(Notice of Inquiry)

112) Copyright Office, Library of Congress,('23. 3), 'Copyright Registration Guidance: Works Containing Material Generated by Artificial Intelligence'

공해야 하는가' 등이다. 물론 이 가이드라인에서 다루지 않은 다른 이슈들도 있으며, 이에 대해서는 종합검토를 진행 중에 있다고 밝혔다.

앞의 사례에서 언급한대로, 현재의 미국 저작권법은 인간의 창의성의 결과물에 대해서만 보호를 제공하고 있다. 이는 사진의 경우에도 마찬가지로, 사진작가의 독창적 지적 고안을 대표하므로 보호대상에 해당한다. 그러나 인간 작가의 창의적 노력이나 개입 없이 랜덤하거나 자동적으로 작동하는 기계적 과정으로만 생산된 것이면 저작권 등록이 불가능하다고 명시하고 있다. 이런 경우에 해당하는지의 여부는 AI 기술이 어떻게 작동하고 어떻게 사용되었는지에 의존하므로, 사례에 따라 판단되는 이슈라는 것이다. 예를 들어 인간이 프롬프트만 제공하는 경우라면, 다른 창작자에게 작업 의뢰하는 것이나 마찬가지이고, 인공지능이 결과물의 표현적 요소를 결정하므로 저작자 지위의 전통적 요소가 기계에 의해서 결정되고 실행되는 것이어서 저작권 등록이 불가하다고 규정하고 있다.[114]

따라서 만일 인간의 창작부분과 인공지능 생성부분이 혼합되어 있는 경우에는, 현재 법체계에서는 당연하게도 인간이 저작한 부분에 대해서만 저작권이 인정된다. 이에 따라 저작권 등록 신청자는 인공지능의 포함여부를 명시할 의무가 있다. 이와 함께 인간의 기여부분(인공지능 생성부분에 대한 선택, 조정, 편집 등을 포함)에 대해 설명하고 이에 대한 권리를 주장해야 한다는 것이다.[115] 동 가이드라인은 어떤 인공지능 기술을 사용했다는 이유만으로는 그 기술이나 공급기업을 저작권자로 표기할 수 없음을 분명히 하고 있다.

---

[114] 전게서 인용: 'When an AI technology determines the expressive elements of its output, the generated material is not the product of human authorship. As a result, that material is not protected by copyright and must be disclaimed in a registration application.'

[115] 참고로 우리나라 정부에서 발간한 안내서에도 유사한 입장이 제시되어 있다. 참조: 문화체육관광부/한국저작권위원회('23. 12), '생성형 AI 저작권 안내서'

미국 저작권청은 저작권 제도의 개선방향을 검토하고 있으나, 결론이 나기 전까지는 이 가이드라인에서 제시한 것처럼 기존의 인간중심 저작권 보호체계를 유지할 수밖에 없다. 그러나 생성형 AI가 진화하고 널리 확산될수록 인간의 기여부분이 어디까지인지 식별하는 것이 점차 불가능해질 것으로 생각된다. 기존의 체계를 유지하면 향후에는 저작권의 등록을 지나치게 제한하게 될 가능성이 점차 높아진다.

컴퓨터가 생성한 콘텐츠의 저작권을 보호하는 영국

영국에서의 저작권 정책방향은 미국과 상당히 다르다. 앞서 각국의 AI 정책방향 비교에서 보았듯이 영국은 AI 산업의 육성을 위해 매우 혁신 친화적 정책을 펼치고 있다. 이의 구체적 사례 중 하나가 바로 저작권 관련정책이다.

AI와 관련된 영국의 저작권 정책이슈는 다른 나라처럼 AI와 관련된 새로운 제도를 어떻게 만들 것인가가 아닌, 이미 있는 유사한 제도를 AI에 관해서도 확장하여 적용할 것인가가 논의의 초점이다. 정말 드물게도, 영국의 저작권법(the Copyright, Designs and Patents Act 1988)은 생성형 AI 등장 훨씬 전부터 '컴퓨터 생성 작품'을 '인간 저작자가 없는 경우로서, 컴퓨터로 생성된 작품'으로 정의하고 저작권을 보호해왔다.[116]

인간이 전혀 개입하지 않고 컴퓨터만으로 생성된 문학, 연극, 음악 또는 미술 작품은 만들어진 날로부터 50년 동안 저작권이 유지되도록 하였다.

---

116) 영국 저작권법 178조는 '컴퓨터로 생성된' 이란 의미를 인간 저작자가 없는 상황에서 컴퓨터에 의하여 작품이 생성된 것을 말한다고 규정하고 있다.("computer-generated", in relation to a work, means that the work is generated by computer in circumstances such that there is no human author of the work)

참고로 인간 작가가 만든 작품의 저작권은 70년간 보호된다. 또한 이 법 9조의(3)은 **'작품의 창작에 필요한 조치'를 한 사람을 저작자로 간주**한다고 규정하였다.[117] 여기에서 말하는 '필요한 조치'를 과연 어느 정도까지 인정할 것인지가 이슈가 될 수 있지만, 만일 생성형 AI에도 이 규정을 적용하고 콘텐츠 생성과 관련하여 이런 사람이 있는 것으로 인정된다면 그 사람이 저작권을 보유하고 행사할 수 있는 것이다.

그러나 생성형 AI로 만든 콘텐츠에 대한 저작권 인정 이슈는 영국에서 완전히 해결된 상황은 아니다. 영국 특허청은 생성형 AI 출현 이전인 '21년 10월, 인공지능의 확산시대에 이런 법제도가 개정될 필요가 있는지 공공자문을 실시한 결과, 기존 법이 인공지능 시대에 적절한 것으로 판단하고 법 개정을 하지 않기로 결정하였다. 그러나 '23년 5월 의회가 다시 청문회를 열고 다양한 의견을 수렴하면서, 현재의 저작권 보호체계를 유지할 것인지 검토 중이다. 현행법으로는 생성형 AI의 경우 프롬프트 입력 정도로도 저작권 보유자가 될 소지가 있는데, 이것이 기존의 법 취지에 비추어 적절한지에 대한 논란이 있었던 것으로 알려졌다. 또한 인공지능 생성 작품의 독창성을 과연 사람의 창작품과 동일한 기준으로 판단할 수 있는지도 쟁점이 될 수 있다.[118]

만일 영국이 현행 저작권법을 유지하면서 동시에 생성형 AI 모델에 사용자가 단순히 프롬프트를 주는 것을 작품 생성에 필요한 조치를 취한 것으로

---

[117] 영국 저작권법 9조(3)은 '컴퓨터로 생성된 어문, 연극, 음악 또는 미술 작품의 경우 저작자는 그 작품의 창작을 위하여 필요한 조치를 한 자로 본다'고 규정하고 있다.(In the case of a literary, dramatic, musical or artistic work which is computer-generated, the author shall be taken to be the person by whom the arrangements necessary for the creation of the work are undertaken)

[118] Canning 외 전게서

인정하지 않는다면, 영국의 제도는 독특한 상황을 만들어낼 수 있다. 즉, 사람의 개입 없이 인공지능이 완전히 자체적으로 어떤 작품을 생성한 것이 되어, 작품의 저작권은 보호되지만 저작권을 보유한 '사람'은 없는 상황이 되는 것이다.

영국의 기존 저작권법 규정의 원칙이 생성형 AI 시대에 유지된다면, 인간 중심의 저작권 인정체계를 컴퓨터로 확산시키되, 컴퓨터가 권리행사의 주체는 될 수 없는 체계가 유지된다. 이는 앞서 소개한 DABUS의 Thaler 박사의 주장보다는 인간 중심의 저작권 체계에 가까운 체계이다. DABUS 사례에서 주장되는 바는 AI 작품의 저작권을 보호하고 'AI의 소유자'를 저작권 보유자로 인정해달라는 것이기 때문이다.

(4) 생성형 AI 시대, 저작권 보호제도의 미래는?

우리는 이 절에서 다양한 이슈들에 대해 살펴보았다. 정리해보면, 생성형 AI 시대 저작권 제도의 미래에 관해 우리가 답해야 할 핵심질문은 다음의 세 가지이다.

① LLM 등 범용 인공지능 모델의 학습에 저작물을 사용하는 행위는 그 모델이 개발단계에서는 추후 과학적으로 쓰일지 상업적으로도 쓰일지 모른다는 점을 고려하여, 공정이용이나 TDM 면책 대상이 되어야 하는가?
② 인공지능을 사용하여 생성된 작품이 기존 저작물과 유사하다면, 의도성과 의거성을 어느 정도 엄격히 적용하여 저작권 침해여부를 결정할 것인가?
③ 인공지능이 인간의 단순 프롬프트 내지 그보다 적은 개입을 통해 작품을 생성했을 때 그 작품의 저작권을 보호할 것인가?

우리는 미래에도 인간이 저작한 부분에 대해서만 저작권을 인정하는 체계를 유지하는 것이 바람직한가? 아니면 생성형 AI를 폭 넓게 활용한 콘텐츠에 대해서도 저작권을 인정받을 수 있게 하는 것이 바람직한가? 저작권 제도의 변화방향과 무관하게, 창작뿐만 아니라 인류의 모든 활동에 생성형 AI의 활용이 보편화될 것이 분명한 상황이다. 어떤 체계가 과연 공정한가? 또 그런 체계하에서 우리의 창의성은 어떤 방향으로 진화할 것인가? 한 가지 분명해 보이는 것은 과거 인간의 창작활동의 성격이 펜을 사용하기 전과 후로 크게 달라졌듯이 미래 인류의 창작활동 성격도 생성형 AI의 전과 후로 크게 달라질 것이라는 점이다.

***

앞서 언급했듯이 미국의 저작권청은 '23년 8월 생성형 AI가 저작권 보호제도에 제기하는 이슈들에 대해 공공자문을 개시하였다. 이에서 제기된 주요 이슈는 다음의 네 가지이다. ① AI 모델 학습시의 저작물 사용, ② AI 시스템을 사용한 생성물에 대한 저작권 보호, ③ AI 시스템을 사용한 생성물에 의한 저작권 침해, ④ 인간 창작자의 정체성이나 스타일을 모방한 AI 생성물에 대한 취급 등이다. 마지막 이슈는 저작권 보호대상은 아니지만 퍼블리시티권이나 불공정 거래와 관련될 수 있으므로 함께 검토한다는 설명이다. 이 절을 마무리하면서, 이어서 던져지는 질문들에 독자들께서도 자신만의 답변을 생각해보기 바란다.

① AI 모델의 학습관련 질문

- 모델 학습 시에 사용되는 저작권 보호대상 저작물의 선정 및 확보방법, 저작권 허락 정도, 이용된 저작물의 학습 후 보관 정도와 이유
- 학습과정에서 저작물의 사용방식, 저작권자의 권리에 대한 영향, 학습과정에서 얻은 추론의 저장 방식, 특정 저작물로부터 얻은 추론을 폐기가능한지, 데이터셋에 접근하지 않고도 특정 저작물의 학습 이용 여부 식별가능성
- 허락을 얻지 않은 저작물에 대한 공정이용 인정요건
  - '이용목적과 캐릭터'의 평가방법, 적절한 용도의 기준, 학습단계별 고려요소의 차이점
  - 학습을 담당하지는 않으나 저작물의 확보에 참여하는 주체에 대한 제도
  - 비상업적, 연구목적 모델이 추후 상업적으로 사용될 경우
  - 저작물 이용량이 공정이용 여부에 영향을 미치는지
  - 학습이용이 저작물의 잠재적 시장에 미치는 영향 측정방법(직접적 경쟁관계인 시장범위와 동 분야에 해당하는 전체시장 중 어느 것을 기준으로 분석할 것인가)
- 저작권자 동의 확보 관련
  - Opt-In과 Opt-Out 중 어느 것을 적용할 것인지, 상업적 용도의 경우에만 동의를 의무화해야 하는지
  - Opt-Out을 적용 시 절차(데이터 수집을 금지하는 Technical Flag, Metadata 등)
  - 이런 절차 운영시의 장애요소, 대규모 데이터를 고려 시 학습 전 동의 획득의 가능여부

- 허락되지 않은 저작물 사용 시 가능 조치, 인간창작자가 저작권을 양도한 경우 거부권 인정 여부
- 학습이용에 저작권자의 동의가 의무화될 경우 허가의 획득방식
  - 분야별로 직접 획득의 가능성, <u>자발적 집단면허(Voluntary Collective Licensing) 방식[119]</u>의 타당성과 적합한 조직, 의무적 면허체계 법제화 필요성
  - 바람직한 저작권료, 이용조건 등, '확장된 집단면허' 체계의 타당성
- 면허제도 관련 이슈
  - 데이터 큐레이터, 개발자, 모델사용자 중 면허획득 책임자
  - <u>특정작품이 특정 생성물에 미치는 영향 정도의 측정이 가능한지</u>
  - 면허 의무화가 생성형 AI 개발과 확산에 주는 영향
- 데이터셋 구축자, 모델개발자, 파인튜닝 주체 등에게 학습에 이용된 저작물 기록 유지의무 부여 타당성과 방식, 저작권자에게 고지의무 부여 여부

② AI 생성물 관련 질문: 저작권 보호대상 여부

- 현재의 저작권법상 생성형 AI를 사용하는 인간이 그 생성물에 대해 작가(Author)로 인정될 수 있는 사례가 존재하는지? 학습에 사용될 저작물의 선정, 프롬프팅 등이 적절한 판단기준인가?
- 인간만 작가로 인정하는 현행법을 더 명확히 해야 하는가, 아니면 AI를 사용한 생성물에 대한 인정기준을 포함하는 저작권법 개정이 필요한가? 이런 조치가 생성형 AI 산업육성에 필요한 조치인가, 아니면 기존의 컴퓨터 코드에 대한 저작권 제도로 충분한가?

---

119) 파일공유에 대한 대비책으로 고려되는 방식이며, 파일공유 네트워크가 구독료 징수방식을 적용하고 수익을 인기도 등의 기준에 따라 창작자에게 배분하는 체계를 의미한다.

- AI 생성물에 대한 보호가 필요하다면 저작권 형태인지, 아니면 별도의 권리(Sui generis right) 형태가 바람직한가?
- AI 생성물에 대한 저작권 보호는 미국 헌법의 저작권 조항, 특히 과학과 예술 촉진이란 목표에 부합하는가?

③ AI 생성물 관련 질문: 저작권 침해 이슈
- AI 생성물이 파생작품에 대한 권리 또는 2차 저작권을 침해할 가능성이 있는가?
- AI 생성물에 대해 '실질적 유사성 테스트'의 적용이 적절한가?, 아니면 다른 기준이 필요한가?
- AI 모델의 학습관련 기록이 없거나 공개되지 않을 경우 저작권 보유자가 복제여부를 입증할 방법이 무엇인가?
- 저작권 침해로 판정될 경우 모델 개발자, 모델을 적용한 시스템 개발자, 최종 이용자 등 중에서 책임을 질 주체는 누구인가? 오픈소스 모델의 경우 침해 관련 별도의 고려사항이 존재하는가?
- 저작권 관리정보를 포함한 저작물로 학습된 생성형 AI에 관련해 미국 법[120]이 어떻게 적용되어야 하는가?
- AI 생성물임을 표시하는 것을 법으로 의무화해야 하는가? 그럴 경우 그 책임은 누구에게 부여해야 하는가?

---

[120] 미국의 US Code 중 Section 17(Copyright)의 U.S. Code § 1202(Integrity of copyright management information)을 뜻하며, 작품이나 작가의 명칭 등을 허위로 기재하거나 변경, 배포하는 것을 금지하는 조항이다.

④ 관련된 기타 질문

- 특정인의 이름이나 음성 등의 유사성을 가진 AI 생성물에 대해 어떤 법적 권리를 주장할 수 있는가? 이에 대한 연방법 제정이 필요한가? 주법과의 관계는 어떠한가?

- 인간 창작자의 예술적 스타일을 모방한 작품 생성에도 이런 보호제도가 적용되는가? 혹은 적용이 필요한가? 이에 대한 책임주체는 누구인가?

- 음성녹음 생성물에 대해서 퍼블리시티법 등의 관계는 무엇인가? 새로운 제도가 필요한가?

에필로그

장면 1 (영화 <Ex Machina>에서)

- CEO인 네이션은 직원 케일럽에게 자신이 개발한 인공지능 AVA가 진정한 자의식과 창의성을 가졌는지 테스트하라고 하고, 자택에 걸린 잭슨 폴록의 그림을 보며 이를 테스트하는 방법을 암시한다. 잭슨 폴록은 창의성에 대한 자신의 신념에 따라 머리를 비우고 손이 가는 대로 자유스럽게 놓아두는 방식으로 그림을 그린 것으로 유명하다. 만일 AVA가 예측 불가능하고 즉흥적인 방식으로 그림을 그린다면, 창의성을 가진 것으로 판단하는 하나의 기준이 되지 않을까?
- 또 다른 장면에서 케일럽은 AVA가 무엇인가 의미가 없어 보이는 복잡한 형태를 열심히 그리고 있는 것을 목격한다. 그 그림은 잭슨 폴록의 그림처럼 완전히 자유로운 형태는 아니지만, 수많은 도형들을 손 가는 대로 연결한 듯한 모습이었다. 케일럽이 그러지 말고 뭔가 구체적인 대상을 그리라고 말하니, AVA는 케일럽의 초상화를 그려 보여준다.
- 과연 AVA가 그린 두 그림 중에 어떤 것이 창의적인 걸까? 아니면 둘 다 창의적이지 않은 걸까?

장면 2 (TV의 바둑중계를 보면서)

- 많은 사람들은 알파고 이후에 바둑이, 또는 바둑중계가 재미없어질 것이라 생각했다. 그런데 필자는 오히려 요즘에 바둑중계를 더 재미있게 보고 있다. 기사들의 착점에 따라 우상단에 인공지능이 예측하는 승리 확률이 표시되고, 인공지능이 계산한 가장 승률이 높아질 다음 착점이 제시되는 것을 보면서도.
- 기사의 다음 수가 인공지능의 추천과 달라 좋거나 나쁜 결과를 초래하는 상황 자체에 큰 흥미를 느끼는 것이 아니다. 그 정체와 한계, 그리고 작동방식을 전혀 알 수 없는 인간의 두뇌, 그 중에서도 최고 수준 두뇌 간의 상호작용에 의해 한 판의 바둑이 그려지는 과정을 보는 것이, 그리고 인공지능의 해설이 그 한 켠을 차지하고 더 풍부한 콘텐츠에 기여하는 것이 좋아서이다. 필자에게 있어서 AI는 인간 기사들이 만드는 치열한 스토리와 아름다운 그림을 더 다양한 차원에서 감상하게 해준다. 인공지능은 바둑이라는 가장 오랫동안 변화하지 않은 게임에서 새로운 경험을 끌어내고 있다.
- 요즘의 TV 바둑중계는 미래의 예술이나 미디어 분야에서 인간과 인공지능의 공존방식에 하나의 힌트를 던져주는 것 아닐까?

[그림 19] DALL-E 3로 생성[121]

[One More Thing]

AI가 어떤 발명품에 대해 발명자로 인정되고
특허권을 가질 수는 있을까?[122]

인공지능을 사용한 콘텐츠에 대해 어떤 권리를 인정한다 해도, 누구에게 인정할 것인지도 이슈가 될 수 있다. 현행법상으로 AI는 법적 인격이 없어 권리의 주체가 될 수는 없다. 그렇다면 창작과 저작권이 아닌, 발명과 특허에 관해서는 어떨까? AI가 어떤 발명품에 대한 발명자로 인정될 수는 있을까?

---

121) 잘 구조화된 그림과, 이의 분위기를 참조하되 아주 자유로운 스타일로 그린 그림을 옆에 배치해 달라고 인공지능에게 주문한 결과이다.

122) 이 항목은 다음을 참조하여 작성되었다. Abbott and Rothman('23. 11), 'IP Law in the Era of Generative AI', Amplify(ADL) 및 Canning 외('23. 12. 28), 'UK Supreme Court Rules Against AI Inventorship of Patents', White & Case Tech Newsflash

미국 저작권 사례에 주인공으로 언급되었던 Thaler 박사는 한편 '18년 유럽에서 DABUS라는 AI를 '발명자'로 인정해주고, 발명품에 대한 특허권은 DABUS를 개발하고 소유한 자연인인 자신에게 귀속되게 해달라고 요청하기도 하였다. Thaler 박사는 AI 시스템을 개발하였으되, DABUS에 특정 이슈를 해결하라고 지시하지 않았으며, AI 시스템의 결과물에 대한 지식도 없었다고 주장하였다. 참고로 이 노력은 인간의 발명이나 창작 없이 AI로만 생성된 결과물에 대해 지적재산권을 확립하고자 하는 글로벌 이니셔티브인 AIP(The Artificial Inventor Program)의 지원하에 추진되었다고 한다.

그러나 영국의 특허책임자는 '19년 12월, 특허법에 의해 머신은 발명자로 인정될 수 없으며, Thaler 박사가 머신 소유자라 해도 특허권 청구자격이 없다고 결정을 내렸다. 이후 영국 대법원이 '23년 12월 최종적으로 이와 합치하는 판결을 내렸다. 특히 판결 이유 중 주목되는 점은, 어떤 물건을 소유한 사람은 그 물건으로 만든 새로운 물건에 대한 소유권도 가질 수 있다는 조항의 해석에 관한 것이다. 대법원은 이에 대해 발명품이 유형의 물질이 아닌 경우 그를 생성한 머신으로 소유권이 귀속될 수 없다고 판결했다.

그러나 이러한 사례는 DABUS라는 시스템의 특성과 사례에 대해 영국 특허법의 해당 조항 해석에 한정된 것으로 해석되어야 한다. 실제로 영국의 대법원도, 상당한 수준의 도구(Highly sophisticated tool)로서 AI를 사용한 사람을 발명자로 인정하는 것을 배제하는 것은 아니며, 자율적으로 행동하는 머신이 생성한 것에 대한 권리를 완전히 부정한 것도 아니라는 해석이다. 이런 이슈에 대해서는 아직도 각국의 정책방향이 결정되지 않아, 치열한 검토의 대상으로 남아 있다.[123]

나. 생성형 AI와 프라이버시

(1) 이탈리아의 ChatGPT 서비스 중지 사례와 GDPR

이 책의 앞 부분에 소개된 '삶의 미래연구소(FLI)'의 AI 개발중지 촉구서한 발표시점은 OpenAI의 ChatGPT가 처음 등장하여 전 세계적으

---

[123] 참고: Canning 외 전게서

로 공전절후의 속도로 확산되어 가던 시점이었다. 그런데 이즈음에 생성형 AI 확산의 경계론을 한층 가열시킨 사건이 있었다. 이탈리아 정부가 ChatGPT의 이탈리아 내 서비스를 금지(정확히는 OpenAI의 이탈리아 데이터 처리를 금지)한 것이다. ChatGPT가 유럽의 정보보호법인 GDPR을 위반할 소지가 크다는 이유에서였다. 이 책에서 여러 번 언급했듯이, LLM의 학습데이터에 인터넷에서 크롤링한 데이터가 포함되어 있으므로 개인정보 또한 포함되어 있을 가능성이 높다. 일부 LLM 이용자들은 챗봇을 통해 특정 개인정보를 이끌어낸 경험을 공유하기도 한다.

EU의 개인정보보호법
(GDPR: General Data Protection Regulation)이란?

- '18. 5월 시행

〈주요내용〉
- 개인정보 처리의 원칙 재확립
- 최소한의 정보 수집, 수집·활용에 대한 투명한 고지, 동의의 개념·조건 방식 세부화 규정
  - 제품/서비스 설계와 초기 설정에 정보보호 내재화(Privacy-by-Design)
  - 정보처리자의 동의 입증 책임 명시
- 정보주체의 권리 상세·명시 규정
  - 접근·열람권, 정정·삭제권('잊혀질 권리'), 정보처리 제한권, 이동권
  - 정보처리 반대권, 정보유출 발생시 고지를 받을 권리
  - 자동화된 의사결정에 대한 설명요구 및 처리결과에 종속되지 않을 권리 등
- 위반시 강력한 제재
  - 최대 전 세계 연 매출 4% or 2천만 EUR 중 높은 금액

〈특징 및 영향〉
- 통합적 법제하에 자세히 규율
  - 공공과 민간 영역 일련의 개인정보보호 처리절차를 하나의 법에서 다룸

- 원칙적 옵트인(Opt-in)
  - 사전에 정보주체에게 개인정보 처리 목적을 고지하고 개인의 명시적 동의(Affirmative Consent)를 받아야 하는 Opt-in 방식
- GDPR의 영향으로 미국의 정보보호 법제도 강화
  - 개인정보법제의 출발선이 매우 다른 미국도 GDPR의 영향을 받아 『캘리포니아 소비자 프라이버시법』 제정('20. 1)

참고: 미국은 전통적으로 정보의 자유로운 유통하에 세부적 법 규정보다 판례법과 강한 사후규제로 해결해왔다. 미국은 통상 공공부문에만 개인정보 보호법이 적용되고 민간부분은 자율적 규제 위주의 체계였으나, 민간분야 중 자율규제가 잘 작동하지 않는 분야(교육, 통신, 보험 등)에서는 분야별 개인정보 보호 법제도 존재한다. 다만, 이 역시 원칙적 옵트아웃(Opt-out)으로 정보주체 동의 없이 개인정보를 수집할 수 있는 경우를 상당히 광범위하게 인정하고 있다.

그런데 만일 이에 더해 챗봇의 할루시네이션 때문에 개인에 대해 잘못된 정보가 배출되어 확산된다면 문제의 심각성이 가중될 수 있다. 기대모델의 특성상 해당 기업이 개인에게 어떤 정보가 사용되었는지조차 알리기 어렵다는 점도, GDPR과 같은 정보보호 제도에서 보장하는 이른바 정보의 자기결정권을 충족하기 어렵게 한다. 더하여 생성형 AI와 관련해서는 해당 개인의 정보이용 동의 시스템도 갖추기 어렵고, GDPR이 강조해온 '잊혀 질 권리(정보삭제권)' 보장도 어렵다. 미성년자의 이용을 통제하는 시스템이 마련되어 있지 않아 그들의 데이터가 이용될 수 있다는 점도 이탈리아 정부는 우려하고 있다.[124]

OpenAI는 해당 명령 이후 이탈리아에서의 서비스를 중지하였으나, 이는 생성형 AI에 대한 바람직한 개인정보보호 제도에 대한 논의가 가열된

---

124) 참고: Natasha Lomas('23. 3), 'Italy orders ChatGPT blocked citing data protection concerns', Techcrunch(https://techcrunch.com/2023/03/31/chatgpt-blocked-italy/)

계기가 되었다. 이런 우려에 대하여, 사전학습에 의존해 만들어진 현재의 LLM을 처음부터 새로운 데이터셋에 의거해 다시 학습시키는 것이 바람직할까? LLM 기술의 발전에 큰 걸림돌이 되지 않는 개인정보 보호제도의 정립이 필요하다.

이후 이탈리아는 '23년 4월, OpenAI가 서비스를 재개하려면 시행해야 할 사항들을 제시하였다. 데이터 처리방식에 관해 투명하게 공개하고, 연령 확인 수단을 마련하고, 학습에 개인정보 사용하는 법적 근거(동의 혹은 적법한 이익증진)를 제시하고, 허위정보 수정요구, 삭제권 등 이용자의 권리보장 방안을 제시할 것을 요구했다. 또 개인정보가 학습에 이용되는 것을 거부할 권리, 개인정보의 학습 사용에 대한 이용자 고지 등도 이에 포함된다.[125] 그러나 사실상 현행 GDPR의 조건들을 준수하라는 이런 요구사항을 LLM이 단시간 내에 충족할 수 있는지에 대해 다양한 지적이 제기되고 있다. 이 책의 앞부분에서 소개했듯이, 만일 LLM의 작동원리를 전문가들도 명확히 설명하지 못한다면 첫 번째 요구사항인 데이터 처리방식의 공개마저 쉽지 않을 것이다. 또 개인이 자기 정보를 학습데이터에서 제외 내지 수정해 달라고 요청할 때마다 모델을 다시 학습시켜야 하는 상황이 펼쳐질 수도 있다. 이탈리아는 좀 더 최근에는 OpenAI의 동영상 생성 서비스인 소라(SORA)에 대해서도 개인정보 활용 문제로 조사를 개시하였다.[126]

---

125) 참고: Natasha Lomas('23. 4), 'Unpicking the rules shaping generative AI', Techcrunch(https://techcrunch.com/2023/04/13/generative-ai-gdpr-enforcement/?guccounter=1)

126) 참고: Stephanie Bodoni('24. 3), 'OpenAI's Video-Making Service Faces EU Data Privacy Scrutiny', Bloomberg(https://www.bloomberg.com/news/articles/2024-03-08/openai-s-video-making-service-faces-eu-data-privacy-scrutiny?srnd=technology-vp)

이와 같이 일부 국가에서는 EU AI Act가 시행되기 이전에도 이미 기존의 개인정보보호법에 의거하여 LLM에 대한 규제가 집행되고 있다. 앞으로 이탈리아의 사례와 같이, AI 확산에 따라 개인정보 보호 규제기관이 우려할 수 있는 새로운 이슈들이 다양하게 나타날 것으로 생각된다. 이에 대해 LLM 기업이나 정부 모두 현실적 해법을 내어놓기 어려운 상황이 다양하게 펼쳐질 수 있다. 여기에서는 그 중 특히 두 가지 문제에 대해 제도적 이슈를 소개하도록 한다.

(2) LLM 학습데이터에 공개된 개인정보 크롤링 허용 이슈

첫째 이슈는 물론 이탈리아 사례에서 문제가 된, LLM 학습을 위해 공개된 개인정보 크롤링이나 수집을 허용하는 것이 바람직한지의 문제이다. 여기에서 공개되었다는 의미는 예를 들어 블로그 등 누구나 볼 수 있는 글에 개인정보가 포함되어 있는 경우이다. 물론 다른 형태로도 인터넷에서 크롤링한 데이터에 개인정보가 포함되어 있을 수 있다. 많은 나라의 개인정보보호 제도가 개인정보를 이용할 때에는 정보 소유자의 동의를 얻거나, 아니면 법에서 정한 바의 공공의 이익이 입증될 때로 한정하고 있다.

블로그 등에 누구나 볼 수 있게 개인정보를 공개한 것은 LLM 학습과 같은 목적으로 활용되는 것에 암묵적으로 동의한 것으로 판단할 것인가? 동의라고 볼 수는 없더라도 해당 LLM 개발이 만일 공공의 이익에 크게 기여하는 경우라면, 관련된 모든 사람에게 동의를 구하지 않더라도 사용하게 하는 것이 바람직할까? 대규모 언어모델인 LLM 학습에 대한 개인정보 활용제도를 기존의 다른 데이터분석 활동과 동일하게 설정하는 것이 적절한가?

각 나라의 개인정보 보호제도의 원칙은 유사하나, 구체적으로 제도를 운영하는 방식이나 규제강도는 다르다. 이에 따라 공개된 개인정보 크롤링을 통한 학습에 대한 각국의 현행법에서의 해석방향이 달라질 것으로 예상된다. 우선 이탈리아의 사례에서 보듯이, GDPR을 만들고 적용하고 있는 EU 회원국들은 상대적으로 엄격한 규제 스탠스를 취할 것으로 예상된다. 이탈리아 정부가 서비스 재개 조건으로 OpenAI에 부과한 요구사항들은 GDPR상의 제도를 그대로 집행하겠다는 입장을 보여준다. 다만, LLM이란 기술의 제한사항과 공공편익 등을 고려하여 LLM 기업들이 규제를 따를 수 있는 현실적 방안도 고민하지 않을까 생각된다. 참고로 EU와 크게 다르게, 미국의 아이오와 주 등에서는 공개된 개인정보는 사적 정보가 아니라는 스탠스를 취하고 있다고 한다. 우리나라에서는 이 이슈에 대해 관련 기관이 면밀히 검토 중이며, 조만간 세부 지침이 발표되지 않을까 예상된다.

법제도 검토를 진행하는 것과 함께, 규제기관들은 기업들이 개인정보를 적절히 보호하기 위해 현실적으로 가능한 합리적 조치를 취하도록 유도할 것이다. 이를테면 개인정보에 대하여 LLM 학습에 알맞은 방식으로 가명화 조치를 하게 하는 가이드라인 마련 같은 것이다. 자기의 개인정보가 학습에 활용되는 것을 쉽게 거부할 수 있게 하는 수단 제공도 생각해볼 수 있다. 다만 이미 기존의 모델 학습에 활용된 개인정보에 대해 삭제권, 수정권을 보장하거나, 이와 유사한 효과를 가질 수 있게 하는 문제는 여전히 적절한 방안을 찾기 쉽지 않을 것이라 생각된다.

(3) AI 기반 자동화된 결정에 대한 설명요구권 이슈

두번째 이슈는 AI 기반 자동화된 결정에 대해 설명을 요구할 권리에 관한 것이다. 이 이슈는 앞의 개인정보 침해와는 성격이 다르지만, 정보주체에게 보장된 권한에 해당하므로 이 절의 주제와 관련성이 있다. '23년 10월, 네덜란드의 법원은 우버가 두 드라이버를 AI 시스템에 의한 결정으로 해고한 것(이른바 'Robo-firing')에 대해 충분한 설명을 제공하지 못해 드라이버들의 설명요구권을 침해했다는 이유로 벌금을 부과하였다.[127] 이에 앞서 '23년 4월 동 법원은 드라이버 해고에 사람이 관여했더라도, 그 사람에게 실질적 결정권한이 없었다면, 그 결정은 AI 알고리즘에 의한 결정이므로 설명의 의무가 있다고 판결한 바 있다.

우리나라는 AI를 통한 자동화된 결정에 대한 정보주체 권리에 대해 법제도를 통해 적극적으로 대응하고 있는 나라 중 하나이다. '23년 3월 개인정보보호법 개정안이 통과되어 관련된 법적 근거가 마련된 것이다.[128] 먼저 사람의 개입 없이 이루어지는 '완전히 자동화된 결정(AI 등 완전히 자동화된 시스템으로 개인정보를 처리하여 이루어지는 결정 과정)'에서 정보주체가 결정에 대한 설명 또는 검토 요구를 할 수 있고, 자신의 권리 또는 의무에 중대한 영향을 미치는 경우에는 거부할 수 있게 하였다. 여기에는 서비스 제공자의 추천과 개인 동의에 의한 맞춤형 광고·뉴스, 본인 확인을 위한 단순 사실의 확인 등은 해당되지 않는다. 개인정보처리자의 설명은 간결하고 의미 있는 방식이어야 하며, 복잡한 기술적 작동원리 나열 등으로 하면 안된다는 점을 명시하였다. 또한 정보주체가 어떤 결정에 자신의 개

---

127) Vish Gain('23. 10), 'Uber fined for failing to explain AI firing of drivers', Siliconrepublic(https://www.siliconrepublic.com/machines/uber-algorithmic-transparency-robo-firing-dutch-court-ruling)

128) 개인정보보호위원회 보도자료('24. 3. 6) 참조

인정보를 추가적으로 반영해 줄 것을 요구할 수도 있게 하였다.

자동화된 결정이 정보주체의 권리 또는 의무에 대해 본질적인 제한·박탈 등 중대한 영향을 미치는 경우에는 거부할 수도 있다. 다만, 정보주체의 동의·계약이나 법률에 근거한 경우에는 거부는 인정되지 않고 설명 및 검토 요구만 가능하다. 이와 함께 개인정보처리자에게 다른 사람의 생명·신체·재산과 그 밖의 이익을 부당하게 침해할 우려가 있는 등 정당한 사유가 있는 경우에는 거부·설명을 거절할 수도 있게 하였다. 이상과 같은 제도에 대한 세부적 기준도 마련되고 있다.

앞의 우버 사례는 생성형 AI가 적용된 사례는 아니다. 앞으로 복지, 금융, 의료, 채용 등 중요 서비스에 대해 AI가 훨씬 더 적극적으로 적용될 것으로 예상된다. 생성형 AI 이전에도 머신러닝 기법이 인공지능 기술의 대세였는데, 이 기술의 특성상 AI가 어떤 결정을 어떤 이유로 내렸는지 설명하기가 극히 곤란한 것이다. AI가 우리 삶에 중요한 결정을 내리는 데에 점차 주도적 역할을 하게 된다면, AI의 설명가능성을 높이는 일은 필수적으로 해결이 필요한 과제이다. 물론 이를 위해 다양한 기술적 해결책도 모색되고 있지만, 제도적으로도 명확한 기준을 마련해야 서비스 제공자는 물론 결정에 영향을 받는 사람들에게도 혼란이 없을 것이다. AI 제공자가 이 기술을 중대한 분야에 사용할 때 지켜야 할 것들은 무엇인지, 충분한 설명이 이뤄졌음을 판단하는 기준은 무엇인지 등을 합리적으로 결정할 필요가 있다. 물론 필요한 것 이상으로 과도하거나, 예방에만 치우친 규제방향은 가급적 지양되어야 할 것이다.

(4) 우리나라 개인정보보호 위원회의 LLM 조사

자동화된 의사결정 관련이 주요내용인 개보법 개정에 이어, 개보위는 보다 폭 넓게 LLM의 개인정보 보호 실태에 대해 조사한 결과를 '24년 3월 발표하였다. 국내외 주요 사업자를 대상으로 실시하였는데, 생성형 AI와 프라이버시에 관련된 주요 이슈들이 다뤄져서 간략히 소개하도록 한다.[129]

먼저 개보위는 LLM들이 전반적으로 개보법상 기본적 요건을 대체로 충족하였으나, ① 공개된 데이터에 포함된 개인정보 처리, ② 이용자 입력 데이터 등의 처리, ③ 개인정보 침해 예방 · 대응 조치 및 투명성 등 관련하여 일부 미흡한 사항을 발견하고 개선조치를 권고하였다고 밝혔다.

첫째, 공개된 데이터로 학습시키는 과정에서 주요 식별정보를 사전 제거하는 조치가 충분하지 않아 일부 중요한 개인정보가 포함될 수 있다고 한다. 개보위는 최소한 사전 학습단계에서 주요 개인식별정보가 제거될 수 있도록 개인정보가 노출된 것이 탐지된 URL을 사업자에게 제공할 계획이다. 한편, 일부 모델은 개인정보 집적 사이트를 학습에서 배제하고, 모델이 개인정보를 답변하지 않도록 하는 조치는 시행하고 있다.

둘째, 이용자가 입력한 프롬프트에 중요 개인정보를 입력하는 경우, 모델의 답변 정확성 향상을 위해 투입되는 검토인력이 열람할 수 있거나 별다른 조치 없이 해당 정보가 DB화할 우려가 있다고 보았다. 개보위는 인적 검토과정을 거치는 경우 이용자에게 관련 사실을 명확하게 고지하는 한편, 이용자가 입력 데이터를 손쉽게 제거 · 삭제 및 사용 중단할 수 있도록 할 것을 권고하였다. 이외에도 만 14세 미만 연령 확인절차 없이 AI 서비스를 운영하는 사례도 발견되었으나, 이번 점검 과정에서 모두 개선되었다고 한다.

---

129) 개인정보보호위원회 보도자료('24. 3. 28) 참조

마치며

이 장에서는 AI 시스템에 대한 제도적 이슈 중 가장 시급히 해결되어야 할 이슈로서 저작권 제도와 개인정보 보호제도에 대해 논의했다. 각자의 이해관계에 얽힌 단기적인 갈등들을 현명하게 해결하면서, 인간이 인공지능을 점차 널리 사용하게 될 때 바람직한 제도적 틀에 대해서도 고민해야 함을 말하고자 하였다.

인간중심으로 오랫동안 유지되던 제도들에 인공지능을 위한 자리를 어떤 형태로든 마련하는 것은 결코 쉽지 않은 과제일 것이다. 그럼에도 불구하고 이런 이슈들은 가급적 빠른 시간 내에 해결되어야 하며 그럴 수 있다고 생각한다. 앞 장에서 다룬 초지능 관련한 이슈와 달리, 이 장에서 얘기하는 AI의 제도적 이슈들은 해결이 불가능한 리스크라기 보다는 모두의 지혜를 모아 바람직한 해법을 찾을 수 있는 성격이라고 생각하기 때문이다. 이 과정에서 가장 주의할 점은, 이들 이슈에 대해서 지나친 예방적 규제 스탠스를 취해 이슈발생 자체를 봉쇄하는 목적으로만 어떤 규제의무를 부과하는 것은 가급적 지양하여야 한다는 점이다.

한걸음 더 나아가, 각국이 AI의 활성화에 얼마나 큰 정책적 의지를 가지고 있는가에 따라, 이런 AI 제도화 논의과정을 계기로 하여 그간에도 존재하던 테크 산업 규제의 난제들을 풀어내고 상당히 진취적인 제도혁신을 이뤄낼 수도 있을 것으로 기대한다.

5. 우리나라 AI 발전을 위한 제언

이 책에서는 지금까지 AI가 제기하는 단기적, 중장기적 이슈에 대해 살펴보고 각국의 제도적 대응방향에 대해서 소개하였다. 필자는 이 책의 곳곳에서 인공지능이 제기하는 제도적 이슈에 대해 우리나라가 어떤 방향으로 고민하는 것이 좋을지 언급하였다. 이 책을 이제 마무리하면서, 우리나라가 인공지능의 위험성을 충분히 통제하면서도 AI 산업이 국가경제 발전에 이바지할 수 있게 하려면 어떤 관점에서 AI의 제도화에 접근해야 할지, 몇 가지 고려되어야 할 점을 제시하고자 한다. 앞의 내용들과 일부 중복될 소지는 있지만, 종합정리의 의미에서 독자의 이해를 바란다.

AI 산업 국가전략과 우리나라 AI 생태계 강화의 중요성

AI 기술이 다양한 분야에서 산업화되면서 막대한 경제효과를 창출할 수 있음은 굳이 분석이 필요하지 않을 것이다. 이미 수많은 기관의 분석결과가 나와 있으니 이 책에서는 상세한 소개를 생략하도록 한다.[130] 이런 막대

---

[130] 우리나라의 과기정통부도 '24년 4월 성공적 AI 도입으로 우리나라에 창출될 경제효과가 '26년에는 매출증대 123조원, 비용절감 187조원 등 총 300조원에 이르게 될 것으로 추산했다.

한 잠재시장을 두고 각국은 앞 다투어 자국의 AI 산업을 육성하거나 글로벌 시장에서의 입지를 확보하려는 전략을 수립하고 집행하고 있다. OECD가 조사한 바에 따르면 국가차원의 AI 산업 전략을 수립한 나라는 '23년 5월 기준 51개국에 달하고, 이 숫자는 계속 증가하고 있다고 한다. '17년 캐나다, 핀란드, 일본을 시작으로, 한국, 호주, 프랑스, 독일, 미국, 영국, 이스라엘, 인도, 중국 등 전 세계의 주요국들이 모두 각자의 정책목표에 맞는 AI 전략을 수립하고, 재정적, 정책적 지원을 아끼지 않고 있다.[131]

일부 국가들은 AI 전략을 총괄하기 위해 새로운 정부부처를 설립함으로써 강력하고 효율적으로 범정부 정책을 드라이브할 수 있게 하였다. 우리나라의 경우 '19년에 선도적으로 과기정통부에 '인공지능기반정책관'을 신설하였다. 미국도 '21년에 유사한 목적으로 백악관 내에 국가 AI 이니셔티브 오피스(NAIIO: National Artificial Intelligence Initiative Office)를 세웠다. 중국 역시 '차세대 인공지능 개발계획'을 실행하기 위하여 전담부처를 비롯한 다수의 정부기구를 설립하였다. 이 책에서 EU AI 규제에 대한 많은 비판을 소개했으나, 이러한 비판은 이 책의 주제인 바람직한 규제방식에 대한 것이다. 그러나 우리는 유럽의 규제제도마저도 유럽의 AI 산업 육성방향을 같이 담고 있음을 보았다. EU AI Act의 근본에 자리잡은 유럽의 가치를 지키고 유럽에 알맞은 방식으로 AI 산업의 경쟁력을 키운다는 목표는 우리나라의 AI 정책목표의 수립에도 큰 의미를 가지는 것이다.

---

131) 참조: OECD('23. 10), 'The State of Implementation of the OECD AI Principles Four Years On', OECD AI Papers
이런 현상은, 다소 전통적 의미와 다른 용어사용일 수도 있으나, AI 국가주의(AI Nationalism)의 발현이라 표현되기까지 한다. 출처: Abu dhabi and Chennai('24. 1. 1), 'Welcome to the era of AI nationalism', The Economist

AI 정책은 왜 이렇게 세계 주요 국가 정책의 핵심으로 떠올랐을까? 먼저 이 산업이 눈부시게 **빠른** 속도로 혁신이 일어나며 미래의 많은 산업을 근본적으로 바꿀 잠재력이 있기 때문일 것이다. 테크 산업의 **빠른** 변화를 오랫동안 목격해온 필자도, 이 정도의 장기적 임팩트를 가질 기술의 변곡점은 처음 만나는 것으로 느낀다. 이 흐름에서 뒤처지는 것은 국가산업 전반의 위상이 점차 낮아짐을 의미한다고 해도 과언이 아니다. 더욱이 이에 더해, 미중 간 공급망 갈등과 같은 사례에서 보듯이, 지금의 세계 경제는 다시금 자국의 생존을 위한 기반 마련의 목적 하나로 협력대상과 견제대상이 판가름 되는 무한경쟁 체제로 돌입하고 있다. 특히 전산업의 디지털화로 핵심 전략산업이 된 반도체 분야에서는 이런 현상이 오래 전부터 진행되고 있었으며, 이제 AI 산업은 반도체 분야의 미래에서도 가장 중요한 위치를 차지하게 된 것이다.

물론 AI로 펼쳐질 방대한 범위의 글로벌 경쟁에 전면적으로 뛰어드는 것은 쉽지 않다. 인공지능 산업의 어떤 부분에서 우리나라의 차세대 성장동력을 찾아 어떻게 국가적 역량을 결집할 것인지에 대한 전략을 현명하고 엣지 있게 수립하여야 한다. 그리고 이런 전략의 근저에는 우리나라 AI 생태계의 자생적 역량을 굳건하게 키운다는 목표가 분명히 존재해야 한다. 우리의 전략분야에서 경쟁력을 키워야만 글로벌 시장에 도전하고, 한치 앞을 내다보기 어려운 AI 시장의 미래에도 대비할 수 있는 것이다.

따라서 이 책의 모델 규제 부분에서 언급한 바와 같이, AI 분야의 우리나라만의 생태계 경쟁력과 주권을 어떤 분야를 기점으로 어떻게 확보할 것인가를 고민해야 할 것이다. 필자는 한 나라의 강한 AI 생태계를 만들어가는 방법은 '국가의 산업육성 목표에 맞는 분야에서 확실한 경쟁력을 확보하여 이를 국산화 → 이에 대한 국가전체의 AI 수요 확산 → 이를 기점으로 확산하여 전체 AI 생태계의 자생적 역량을 더욱 강화 → 이러한 전략을 뒷받침하는 맞춤형 규제제도 디자인'이라고 생각한다. 하나하나 살펴보자.

왜 전체 생태계의 자생력 강화가 중요한가?

경제적인 측면에서만 보면, 예컨대 우리나라가 세계 1위인 메모리 반도체 분야만 수성하면 되지 않을까 생각할 수 있다. 물론 그렇게 하기 위해 모든 정책수단을 총동원해야 한다. 그렇지만 향후 전개될 AI 시장의 양상과 그 국가적 중요성을 생각하면 그것만으로는 충분치 않다.

첫째, 우리는 Part I에서 미래의 디지털시장 구조가 생성형 AI로 인하여 크게 바뀔 수 있음을 보았다. 기존의 디지털 서비스에 대한 수요가 수많은 플랫폼 분야별로 분산되어 있는데, 생성형 AI로 인하여 수퍼 게이트웨이, 또는 개인의 디지털비서(PDA)로 통합될 수 있다는 것이다. 만약 이렇게 된다면, 먼저 디지털시장에 부의 집중 현상이 심화될 것이다. 몇 개의 빅테크 PDA가 고객접점을 분점하고, 국내의 분야별 서비스들은 그 하위계층에서 큰 수익을 얻지 못하는 상황이 펼쳐질 수 있다.

둘째, AI 기반의 PDA는 기존의 다양한 서비스, 심지어 수퍼 앱과 근본적으로 다른 점이 있다. 이는 기존의 서비스들이 각 제공기업의 기술과 디지털 인프라에 의존하는 것에 반하여, PDA는 동일한 AI 모델에서 운영된다는 것이다. 기존의 앱들에서 나오는 수익은 각 제공기업으로 분산되지만, PDA를 장악한 기업은 앱으로부터의 수익에 더하여 모델 제공에서 창출되는 수익까지 확보하게 된다. 만약 여기에 그 모델을 운영하는 클라우드(데이터센터)까지 보유한 기업이라면 수직적 AI 생태계의 각 계층에서 창출될 막대한 가치를 모두 차지할 수 있다.

현재의 AI 시장에서의 수익은 주로 데이터센터에서 발생하기 때문에 AI 인프라의 확보는 당연히 중요하다. 그런데 향후 AI 기반 서비스 혁신이 본격화되면, 서비스 및 모델의 수익과 인프라 수익이 본격적으로 시너지를 발휘하게 될 것이다. 좋은 AI 모델에서 좋은 서비스들이 나오고, 좋은 모델은 효율적이고 강력한 인프라가 뒷받침해줘야 하는 상황이 되었다. '서비스-모델-인프라'를 망라하여 수직통합적으로 구축된 생태계는 각 계층 간의 선순환 구조 속에서 시간이 갈수록 더 강화될 것이다. 시기를 놓치면 진입자체가 어려운 시장이 될 가능성이 높다.

이는 Part I에서 소개한 기존의 플랫폼 시장에서와 다른 상황이다. 서비스 생태계 수직통합에서의 이점은 기존 디지털시장에서는 중요성이 덜한 이슈였다. 그것은 각 서비스의 생태계 간, 그리고 생태계 내의 계층 간에 분절이 다소 존재하더라도, 강력한 플라이 휠만 확보되어 있으면 그 분야 내에서 마켓 파워의 유지가 가능했기 때문이다. 그런데 이제 AI 모델이라는 다양한 서비스의 공통적 기반이 등장하면서, 모델의 경쟁력, 그리고 그 모델을 운영하기 위한 거대한 컴퓨팅 파워의 확보가 무엇보다 중요해졌다. 미래 디지털 시장의 경쟁구조를 바꿀 수 있는 새로운 경쟁문법이 등장한 것이다. 기존의 빅테크 기업들마저도 새로 형성되고 있는 AI 생태계의 모든 계층을 장악하지 못하면 미래에는 시장 지위를 유지하기 어려울 수 있다. 아마도 이것이 MS, 구글 등의 기업이 궁극적으로 두려워하는 것일 것이다. 이들을 포함한 모든 빅테크들 간에 서비스, AI 모델, 클라우드를 모두 자기 생태계 내에 확보하기 위한 치열한 합종연횡이 일어나고 있는 상황은 이를 방증한다.

셋째, PDA를 통해 통합적 고객접점을 가진 기업이 확보하게 될 데이터이다. 기존에도 우리 국민은 외국 빅테크의 디지털 서비스를 일상적으로

써왔는데, AI 시대라고 무엇이 문제가 될까? 필자는 그 답 역시 앞서 얘기한 디지털 시장의 미래모습에서 찾는다. 미래에 PDA에 의해 통합된 고객접점에서 어떤 데이터들이 모이게 될지 상상해보라. 물론 가상적 상황이지만, 국민 개개인의 모든 일상생활 데이터, 기업의 업무관련 데이터, 여기에 만약 공공서비스까지 더해지면 국가차원의 모든 데이터가 이 고객접점에 모이게 된다. 기존의 플랫폼 강자들이 자기 분야에서 가진 데이터 독점력과는 차원이 다른, 엄청난 국가적 자산(보호해야만 하는)이 된다. 그리고 바로 이 지점에서 AI 생태계에서 우리나라의 역량을 강화하는 것은 단지 경제적 차원 만이 아니라 안보적 차원의 중요성을 가지게 되는 것이다. 이것이 앞서 얘기한 한 국가의 데이터주권이 AI 시대에 가지는 진정한 중요성이다.

어떻게 전체 AI 생태계의 자주권을 확보해 나갈 것인가?

물론 우리나라가 인프라, 모델, 서비스로 구성되는 AI 생태계의 모든 요소에 대해 차별적 경쟁력을 가지는 것은 어렵다. 우리가 가진 차별적 경쟁력 요소(해자, Moat)[132]로부터 출발하여, 치밀한 국가전략하에 전체 생태계에서의 자생력 강화에 나서야 할 것이다. 그럼 우리나라가 가진 해자의 후보는 무엇인가? 당연히 세계 1위인 메모리반도체가 가장 유력한 후보이다. 우선 메모리반도체가 AI 산업에서도 확실한 우리나라의 해자가 되게 하기 위해 국가적 노력과 지원이 필요하다.

---

132) 다른 기업이나 국가가 넘보기 어려운 차별적이고 필수적인 경쟁력 요소를 디지털시장 분야에서는 흔히 '해자(Moat)'라고 일컫는다. 다른 필수적 경쟁력을 가진 기업이나 국가의 위협으로부터 우리나라를 지킬 수 있는 수단이라는 의미일 것이다.

다음으로 이런 해자를 레버리지 하여 강한 생태계 구축을 시도해 나가야 한다. 비메모리 반도체 기술을 육성해야 하는 것은 말할 필요도 없다. 메모리분야에서 확실한 차별적 경쟁력을 가지면 외국의 비메모리 반도체를 안정적으로 확보하는 데에도 도움이 될 것이다. 이는 AI 데이터센터의 발전으로 연결될 수 있다. AI 인프라 분야에서 독자적 위상을 확보한 이후에는 이를 유지, 강화할 수 있어야 한다. 따라서 이 인프라에 대한 충분한 수요가 일어나게 해야 한다. 공공부문의 AI 서비스 수요를 크게 일으킬 필요가 있고, 한편 민간부문에서도 수요가 외국의 빅테크 모델에만 지나치게 의존하지 않게 해야 한다. 그러려면 우리나라의 LLM 관련 다양한 역량이 글로벌 수준으로 진화해야 한다. AI 시대에서 모델의 경쟁력은 또한 우리가 가진 서비스 생태계를 더욱 강화하고, 새로운 혁신적 AI 서비스 개발을 촉진할 것이다.

이 모든 우리나라의 AI 생태계 구축전략은 이를 뒷받침하는 AI 규제의 방향성이 없다면 실행가능하지 않다. 이 책에서 지금까지 여러 차례 강조되었듯이, AI 규제의 기본방향을 우리나라 AI 산업 육성전략과 합치되는 방향으로 설정하는 것이 지금 우리나라 과학기술 정책이 당면한 가장 중대한 과제 중 하나라고 생각한다.

우리나라의 AI 생태계 강화를 위하여

우리나라 과학기술정보통신부는 '24. 4월 'AI G3 도약을 위한 AI·디지털 혁신성장 전략'을 발표하였다. 동 계획은 우리나라가 가진 AI 산업에서의 강점을 AI 반도체 기술, 세계 최고의 네트워크, 제조 및 서비스업 경쟁력, 그리고 공공 및 국민의 AI 도입여건이 준비된 점으로 꼽았다. 다만 AI 기술과 서비스에서 세계 1위인 분야가 없고, 전통기업에 아직 도입이

미흡하며, 규제제도, 교육, 고용체계 등에 개선이 필요한 점은 제약조건으로 보고 있다.

이에 따라 우리나라의 강점을 고려하여 중점을 둘 정책으로서, 저전력·고성능 AI 반도체 기술, 인재양성, AI-Native 네트워크 구축 등에 초점을 둔 AI 기술혁신 촉진정책, 통신, 금융, 제조, 농업, 국방 등의 분야에 AI 전환을 가속화하는 정책, 삶의 전반에 AI 활용 촉진정책, 디지털 질서의 확립 정책 등을 추진할 계획이다. 우리나라가 전 세계적으로 가장 높은 경쟁력을 가진 분야인 반도체와 네트워크 분야를 산업의 중심축으로 삼고, 전통기업과 공공부문, 일반 국민의 AI 사용을 촉진하는 등, 우리나라의 상황을 고려하여 꼭 필요한 전략적 요소들을 담고 있는 방향성이라 생각된다.

이제부터는 이런 방향성에 기초하여 정책효과를 발휘할 수 있는 구체적 프로젝트들을 수립하고 실행해 나가야 할 것이다. 민간기업과 정부가 협력하여 세계시장의 경쟁상황과 미래 진행방향을 정확히 예측하고 경쟁력 있는 분야를 명확히 정의하여 총력을 기울여야 할 것이다. 예를 들어 AI 반도체와 이를 활용하는 AI 데이터센터를 중점 영역으로 정했으니, 앞으로 현재 폭증하는 수요와 향후 AI 진화에 따라 새로운 수요가 발생하는 부분이 무엇인지 분석하여 투자를 집중하고 관련 지원정책을 펼쳐 나가야 한다.

AI 데이터센터의 수요는 계속 크게 증가할 전망인데, 고성능 반도체 시장의 집중화된 구조, 엄청난 전력수요 등이 장애요인이 되고 있다. 또 AI 기능을 빠르게 활용할 수 있도록, 미국에 상당부분 집중되어 있는 데이터센터 대신, 일부 기능은 엣지(Edge)와 온 디바이스(On-Device)에서 처리하는 방향으로 발전하는 것이 시장의 중요한 흐름이다. 이런 추세는 앞서 언급한 대로 국산반도체를 탑재한 AI 데이터센터를 우리나라에 여러 개

구축하는 전략에 매우 유리한 여건이다. 국산 메모리반도체의 큰 글로벌 시장 영향력을 기반으로, 빅테크와 우리 고유의 AI 모델이 국산화된 국내의 데이터센터에서 파인튜닝 되고 운용되도록 하는 데에 정부와 주요기업들이 힘을 모아야 한다. 이 데이터센터의 효율성이 커지고 친환경적인 에너지 솔루션이 적용되게 정책적 환경이 뒷받침되면 글로벌 시장에서도 더욱 큰 경쟁력을 가질 수 있을 것이다.

이렇게 구축되는 우리나라 AI 데이터센터를 기반으로, LLM 기술을 축적하기 위한 제도적 기반을 마련해야 한다. 저작권, 개인정보보호 제도 등의 제도적 불확실성을 신속히 제거하고, 크고 작은 LLM 기업들이 모델 개발에 마음 놓고 사용할 수 있는 방대한 공공 학습 DB를 구축해야 한다. AI 모델과 시스템 LLM에 대한 공공부문을 포함한 각 분야의 수요를 촉진하는 것도 바람직하다. 한국 고유의 LLM들이 우리나라의 모든 AI 수요를 충족하기는 어렵겠지만, 적어도 빅테크의 LLM과 경쟁할 수 있는 가장 좋은 대안으로 유지될 수 있게 꾸준히 지원되어야 한다.

그렇게 되면 우리 국민의 뛰어난 디지털 역량이 본격적으로 힘을 발휘할 것이다. 크고 작은 우리나라 기업과 청년들이, 우리나라 고유의 AI 인프라 위에서 활발하게 AI 모델 기술을 개발하고 혁신적 서비스들을 만들어내게 될 것이다. 여기에 더해 디지털지수가 높은 우리나라 국민들이 AI를 각 분야에서 이용하면서 만들어내는 양질의 데이터는 다시 우리나라의 혁신체계에 유입되어, 우리나라 고유의 AI 생태계를 더욱 강화시킬 수 있는 선순환 체계를 창출하게 될 것이다. AI 데이터센터 분야의 육성과 LLM 기술의 축적은 정부의 AI 산업정책을 구체화하여 효과를 창출하는 데에 고려할 좋은 플래그쉽 프로젝트라고 여겨진다.

세계에는 강한 AI 생태계 구축을 우리나라와 같은 방식으로 꿈꿀 수 없는 나라가 대부분이다. 우리나라는 메모리반도체라는 해자의 후보를 보유하고 있기 때문에 이런 본격적 생태계 구축전략의 시도가 가능한 것이다. 하지만 어떤 나라는 모델분야 스타트업 육성에서, 어떤 나라는 국가차원의 전폭적 지원제도로, 어떤 나라는 규제제도를 통해, 모든 국가가 각자의 방식으로 치열하게 AI 생태계 구축에 나서고 있다.

우리나라에 바람직한 AI 규제의 접근방향

이런 AI 산업 육성전략을 뒷받침하는 규제 틀의 마련이 필요하다. AI의 활용을 촉진하기 위해서는 단기적, 중장기적 리스크와 제도적 이슈에 대한 해결이 필수불가결하다. AI 활용촉진과 리스크 통제라는 일견 상충될 수도 있는 과제를 우리나라만의 방식으로 현명하게 해결하려면 어떻게 접근해야 할까? 이를 위한 정책원칙으로서 몇 가지를 제안하려고 한다.

① 우리나라의 AI 규제 프레임워크는 AI 산업 육성목표와 구체적 전략에 합치되게 설정

첫 번째 제안은 이 책에서 반복된, 아주 당연한 제안이다. 생성형 AI 혁명을 맞이한 전 세계의 모든 국가가 동일하게 자국의 산업수준과 향후 목표에 합치하는 전략을 수립하고 있다. 생성형 AI 산업에서 중요한 요소들을 반도체, 클라우드, 통신망 등 AI 인프라, LLM을 비롯한 기반모델 기술, AI 서비스 역량, 그리고(친환경) 에너지의 공급 등으로 볼 수 있다. 여기에 빠지지 않을 것은 이 모든 요소를 가꾸는 데에 기반이 되는 충분한 국내수요를 창출할, 국민의 디지털 활용역량과 시장규모이다.

미국은 이 모든 요소들에 대해 전반적으로 최고수준의 역량을 보유하고 있다. 미국의 인공지능 정책이 혁신촉진에 초점을 두고 강한 규제법안의 도입 가능성은 낮은 이유이다. 미국은 미중 간에 발생하고 있는 다양한 이슈에 대한 대응을 포함한 경제적, 군사적 안보 확보, 그리고 미래의 통제 불가능한 AI의 잠재적 위협 감시에 초점을 둔 규제방향을 보여준다. 유럽은 글로벌 빅테크의 지배력을 제어하면서 오픈소스 중심의 기술 촉진과 스타트업 생태계 확장에 초점을 둔 법제도를 발표하였다.

우리나라는 반도체, 통신망 등 AI 관련 인프라 분야, 그리고 국민의 디지털 역량 측면에서 세계 최고수준인 국가이다. 이런 강점에 집중하여 엣지 있는 산업 육성전략을 펼치고, 또 국산 인프라에 대한 수요를 증가시키고 자체의 LLM 개발능력 향상을 지원함으로써 강한 AI 생태계를 구축해야 한다. 우리의 AI 규제는 이런 전략을 지원하는 방향으로 검토되어야 한다.

② AI에 대한 규제방향은 미래의 초지능이 야기할 수 있는 리스크를 명확히 구분하여 설정

미래의 어느 시점에 인류의 능력을 넘어선 초지능이 통제되지 않은 상태로 탄생하는 상황은 말할 필요도 없이 인류가 맞닥뜨리면 안 되는 시나리오이다. 이를 방지하기 위한 다양한 노력은 인류에게 필수적인 과제이다. 그런데 인공지능은 또한 인류에게 엄청난 기회를 선물할 수도 있다. 인공지능을 위한 제도들을 만들 때에 어떻게 하면 이런 두 가지 측면을 슬기롭게 고려하여 균형을 이룰 수 있을까? 이 책에서 반복해서 강조했듯이, 필자는 그 첫걸음은 통제 가능한 리스크와 불가능한 리스크를 명확하게 구분하는 데에서 떼어야 한다고 생각한다. 그래야 이른바 실존적 위협에 대한 예방이라는 논의가 AI 규제의 전체논의를 뒤덮어, 기술의 혁신과 긍정적 활용까지 억제하는 과도한 규제, 또는 바람직한 시장진입마저 저해하는 원천적 통제체계로 이르게 하는 상황을 피할 수 있다.

③ 통제 가능한 리스크에 대한 규제제도는 최대한 혁신 촉진적이고 필요최소한으로 설계

이 책의 초반부에서 소개한 다양한 리스크 중 많은 부분은 기존의 제도들을 AI 시대에 맞게 개선함으로써 통제 가능하다. 규제를 피하기 위한 AI 악용자들의 시도는 기술발전과 함께 더욱 교묘해질 수 있다. 하지만 이는 인류 역사에서 되풀이되어온 기술의 악용자들과 효과적 규제제도 간 상호작용의 또다른 사례일 뿐이다. AI 규제의 일관성을 위해 국가적 기본원칙들을 명확하게 천명하는 것이 우선되어야 할 것이다. 그런 원칙하에서 예측되는 리스크의 억제에 구체적으로 타게팅된 정교한 규제제도, 그리고 산업 활성화에 따른 건전한 시장기능의 활성화로 대응하는 것이 가장 효과적인 길일 수 있다.

어떤 규제제도가 이런 방향성에 합치하는지 평가하기 위해서는, 먼저 그 규제가 대응하고자 하는 리스크가 실제로 발생하는 점이 입증되었거나 발생 가능성이 실제로 상당히 높은지를 살펴보면 된다. 즉 문제의 식별이 증거기반(Evidence-based)으로 접근되어 있는지를 점검해야 한다. 다음으로 그 규제가 부과하는 의무나 규제의 방식이 해당 리스크에 대응하기에 필요 최소한으로 적절히 디자인 되어있는지(이른바 '핀셋 규제'인지)를 점검해야 할 것이다. 과도한 사전규제, 모호하게 타게팅 된, 예방에 중점을 둔 규제를 가급적 지양해야 한다.

인공지능과 같은 신기술에 대한 규제는 그 규제방식에 따라 산업발전에 돌이킬 수 없는 영향을 미치는 경우가 많다. 이 책에서도 많은 분량을 할애한 학습데이터의 저작권이나 프라이버시 보호 이슈를 보더라도 충분히 짐작할 수 있다. 신기술의 특성을 고려하지 않거나 새로운 제도적 장치를 모색하지 않고, 규제를 통해 발생가능한 모든 문제들을 미리 제거하려고 한다면 우리는 기술혁신 이전의 시대에 머무르게 될 수 있다. AI 산업육성이나 이용확산에 보다 적극적으로 접근할 경우, LLM 학습데이터의 사용을 보다 촉진할 수 있도록 규제를 디자인할 여지가 더 커진다. 이를테면 LLM 학습에 대한 공정이용 및 TDM 면책제도의 조속한 정리, 개인정보를 포함한 데이터의 익명화 및 가명화 조치에 대한 간소한 기준 마련 등이 예가 될 것이다. 물론 이런 제도들의 개선방안에 대한 합의가 쉬울 것으로 생각하는 것은 아니다. 하지만 사회적 논의를 서둘러 AI의 제도화를 신속하게 완성해나가는 것만이 혼란을 줄이고 우리나라를 발전시킬 수 있는 길이다.

적절한 규제를 디자인하는 한편, AI 개발자들이 데이터의 저작권이나 프라이버시 관련 이슈를 좀 더 쉽게 해결하면서 이용할 수 있는 공공 데이터셋을 구축하는 것도 중요하다. 이런 목적으로 세계적으로 가장 광범위하게 사용되는 미국의 Common Crawl[133] 사례를 참고할 수 있다. Common Crawl은 ′07년에 만들어진 비영리단체로, 인터넷의 2,500억 페이지 이상의 데이터를 주기적으로 크롤링하여, '혁신, 교육, 연구를 촉진하기 위해(for the purpose of enabling a new wave of innovation, education and research) 데이터를 무료로 제공하고 있다. 이 데이터들은 공정이용 조건에 해당되도록 구축되어 있다. 따라서 이용자들이 데이터 소스에 대해 우려할 필요는 적으며, 다만 자신의 용도만을 주의하면 되는 것이다. 즉 저작권 위반, 프라이버시 침해 등을 포함한 불법적 용도에 사용하지 않아야 한다.

AI 확산을 촉진하는 방향으로 규제와 각종 지원제도를 디자인할 때, 기업이나 일반 이용자가 AI를 오남용함으로써 일어날 수 있는 문제점을 제어하기 위한 장치도 필요하다. 사전규제 의무는 최소화하되, 기업이나 이용

---

133) https://commoncrawl.org/

자의 주의소홀 내지 일탈로 문제가 발생할 경우 명확히 규제하는 사후규제의 마련이 동반될 필요가 있다. 이런 '완화된 사전규제 + 명확한 사후규제'로 구성된 규제시스템은 해당기업이나 이용자가 스스로의 AI 개발이나 활용에 대한 자율규제를 신중하게 만들고 이행하게 하는 유인책이 된다는 장점도 있다.

이런 규제체계하에서 기업이나 일반 이용자들은 AI를 적극적으로 활용하되 각종 리스크 발생여지를 최소화하기 위해, AI 개발과 활용에 관한 전반적 관리체계, 즉 'AI 거버넌스'를 어떤 형태로든 잘 구축하게 될 것이다. 기업의 경우에는 특히 보다 안전하고 신뢰성이 높은 AI 서비스를 제공하는 것이 점차 경쟁력의 필수요소로 부각되게 될 것이다. 필자는 아래에서 얘기하듯이, 바람직한 AI 규제 시스템의 핵심에는 강한 정부규제가 아닌, 전 분야에 걸친 AI 거버넌스의 보편화가 존재한다고 믿는다.

④ 미래의 초지능이 야기할 수 있는 리스크에 대한 대응은 글로벌 차원에서 공조하여 진행하되, 초고성능 모델 개발에 한정된 감사/모니터링 시스템 구축에 우선적 목표

지금까지 이 책에서 강조했듯이, AI로 인해 제기되는 많은 제도적 이슈들은 우리가 지혜롭게 대응할 수 있다. 우리는 대부분의 분야에서 인공지능을 적절히 통제하면서 인류에게 엄청난 편익을 가져오는 방식으로 활용할 수 있다고 생각한다. 그러나 초지능을 제어하는 문제는 다르다. 누구도 언제, 어느 순간 특이점을 넘은 인공지능이 출현할지 확실하게 답하기 어려운 상황이기 때문이다.

그러나 우리가 또한 높은 확률로 예측할 수 있는 점은, 효과적 모니터링 시스템을 만들고 유지하면 적어도 그 지점에 근접해가고 있는지는 알 수 있을 것이라는 점이다. 사실 초지능 발생여부에 대한 모니터링 시스템을 잘 구축하고 운영하는 것이 AI의 제도화와 관련하여 어쩌면 진정으로 새롭게 필요한 몇 안되는 규제라고 생각한다. 앞에서 살펴본 유럽과 미국의 최고 성능 모델 규제에서 공통된 부분도 한 마디로 모니터링 시스템이라고 볼 수 있다. 초지능으로 진화할 가능성이 높은 모델의 개발과정과 활용에 대해 정부가 주기적으로 정보를 얻고 심각한 리스크의 발생가능성을 미리 감지하기 위한 규제조치들이 많다. 특별히 위험성이 높은 분야에 특화된 모델일 경우 좀 더 전문화된 모니터링 시스템을 적용할 수도 있다.

초지능에 근접할 수 있는 모델에 대한 효과적 모니터링 시스템의 구축은 우리가 초지능에 대비할 수 있는 최선의 준비중 하나이다. 다만, 우리나라가 구체적으로 어떤 모델에 대해 이런 규제를 적용할 것인지, 그리고 얼마나 세밀한 모니터링을 적용할 것인지는 여전히 선택의 문제이다. 한편, 고성능의 모델은 글로벌 차원에서 활용될 가능성이 높으므로, 각국의 모니터링 시스템 구축에 어느 정도의 글로벌 공조도 필요해 보인다.

한편 AI 시스템이나 모델이 시장에서 활용되었을 때 나타날 수 있는 문제점과 리스크에 대해 비교적 명확히 예측할 수 있는 경우, 개발 기업에 요구하는 정보는 핀셋규제에 꼭 필요한 정도로만 가급적 최소화할 필요가 있다. 과도한 정보의 요구는 개발기업의 혁신유인을 저해할 수 있기 때문이다.

⑤ 모든 제도의 설계에 AI 관련 기업의 참여를 확대하고, AI가 제기하는 위협에 대한 대응의 중심을 규제보다는 국가전체의 충실한 AI 거버넌스 확립으로

AI와 같은 혁신적 기술, 아직 정보의 비대칭성이 큰 분야에 대한 규제 마련에 있어서 이 부분은 필수 불가결하며, 길게 강조할 필요도 없다고 생각한다. AI 기술을 개발하는 주체는 학계, 연구소, 기업 등 다양하다. 이 모든 주체들이 규제논의에 가급적 많이 참여하는 것이 바람직하다. 각자가 보유한 경험과 직관을 모아야 합리적 제도화를 이룰 수 있다. 특히 AI 기술은 급속히 진화하고 있으므로, 세부적 규제기준을 최대한 유연하게 만들고 계속 업데이트할 수 있게 해야 한다. 기업은 특히 AI 기술을 서비스로 구체화하여 제공함으로써 이용단계에서의 이슈들을 더 깊이 이해할 수 있으므로, 이 논의에 더 많은 역할을 할 수 있다. 규제기관은 기업과의 논의를 통해 정보의 비대칭성에 따른 오류확률을 줄일 수 있다.

이상에서 언급한대로 혁신 촉진적이며 유연한 규제제도를 구축하더라도, 인공지능 기술의 진화속도를 고려하면 각종 제도가 빠르게 효과성을 상실하고 정보 비대칭성이 높아질 우려가 있다. 이런 이유로, AI 분야에서 정부의 가장 중요한 역할은 규제의 집행 자체보다는 AI를 개발하고 활용하는 모든 주체들이 자율적으로 꼭 필요한 원칙들을 준수하게 하는 것에 더 우선순위를 두어야 한다고 믿는다. 이런 정부의 역할을 어떻게 실행하는 것이 좋을까? 정부가 각 AI 시스템이나 모델이 나올 때마다 원칙에 적합한지 인증해주는 방식을 쓰더라도, 그 인증기준이 항상 완벽할 수는 없다. 또한 일단 공식적 인증을 받은 이후에는 해당기업이 안전성 관련한 조치에 기울이는 주의가 소홀해진다면 시장에서 큰 효과가 없을 수 있다.

필자는 정부역할의 초점을 오히려 AI 분야, 그리고 이를 넘어서 국가전체에 걸쳐 적절한 AI 관리체계, 즉 AI 거버넌스가 마련되도록 하는 데에 두면 어떨까 생각한다.[134] AI를 개발하고 서비스를 제공하는 기업, AI를 내부적으로 활용하는 기업, AI 기반 공공서비스를 제공하는 기관은 물론, 일반 국민이 AI를 적법하게 활용하여 수많은 편익을 누릴 수 있게 하는 국가차원의 AI 거버넌스도 마련되어야 한다. 정부는 이 모든 차원의 AI 거버넌스가 적절히 구축되도록 원칙과 모범사례를 제시하고 지원하며 필요한 경우 검증해주는 데에 핵심적 역할을 할 수 있다. 일반인들이 다양한 AI의 성격과 기능, 올바른 활용방식에 대해 잘 숙지하고 이용할 수 있게 하는 AI 리터러시(Literacy) 함양도 정부의 중요한 역할로 포함되어야 할 것이다.

AI가 제기하는 수많은 이슈들에 대해 제도보다는 국가전체의 일관된 AI 거버넌스 확립으로 대응함으로써, 시장과 공공부문이 힘을 합해 혁신촉진과 위협통제라는 AI의 양면에 대한 균형 잡힌 관리체계를 마련할 수 있을 것이다.

"사람들이 항상 명령권을 가져야 합니다. 인공지능이 건너갈 수 없는 경계선을 만드는 것이 핵심입니다. 그리고 이 경계선이 실제 코드에서부터 인공지능 간, 또는 인공지능과 사람 간의 상호작용, 그리고 기술을 개발하는 기업의 동기에 이르기까지 안전성을 창출해내게 만드는 것입니다. 우리는 또한 이 경계선이 침해되지 않도록 독립적 기관이나 심지어 정부가 직접 점검할 수 있게 해야 합니다."
(딥마인드와 인플렉션의 공동창업자 무스타파 슐레이만(Mustafa Suleyman)의 '자율성을 가진 AI'의 규제방향에 관한 견해)

---

134) 바람직한 AI 거버넌스 구축방향에 관한 논의는 활발하게 진행되고 있는 주제이다. 하지만 이에 대해 전문적으로 논의하는 것은 이 책의 범위를 벗어나므로, 다음 기회를 모색하고자 한다. 관심 있는 독자들은 다음의 문헌에서 출발하는 것도 권할 만하다. WEF('24. 1), 'AI Governance Alliance Briefing Paper Series'

"The idea is that humans will always remain in command. Essentially, it's about setting boundaries, limits that an AI can't cross. And ensuring that those boundaries create provable safety all the way from the actual code to the way it interacts with other AIs—or with humans—to the motivations and incentives of the companies creating the technology. And we should figure out how independent institutions or even governments get direct access to ensure that those boundaries aren't crossed."[135]

이 책에서 제기된 모든 이슈들에 대한 해결은 정부만의 과제이거나 기업의 부담으로만 귀결될 성격이 아니다. 우리 모두가 AI를 자기만의 방식으로 책임 있게 대하는 것만이 AI가 주는 기회와 위협에 슬기롭게 대처할 수 있는 유일하고 궁극적인 방법이다. 우리나라가 AI 산업에서 지속적 성장동력을 찾고, 우리의 미래 세대가 급격히 변화할 업무현장에서 인공지능을 가장 현명하고 안전하게 사용하여 인공지능 시대의 총아가 될 수 있길 바란다.

---

135) 출처: Heaven('23. 9), 'DeepMind's cofounder: Generative AI is just a phase. What's next is interactive AI', MIT Tech Review

Good AI, Bad AI

발 행 일	2025년 1월 5일 초판 1쇄 인쇄
	2025년 1월 10일 초판 1쇄 발행
저 자	김형찬
발 행 처	도서출판 IMK
	공급처 크라운출판사 http://www.crownbook.com
발 행 인	李尙原
신고번호	제 300-2007-143호
주 소	서울시 종로구 율곡로13길 21
공 급 처	(02) 765-4787, 1566-5937
전 화	(02) 745-0311~3
팩 스	(02) 743-2688, 02) 741-3231
홈페이지	www.crownbook.co.kr
I S B N	978-89-406-4902-2 / 03500

특별판매정가 18,000원

Good AI, Bad AI

값 18,000원